本书得到中国青年政治学院出版基金资助

中／青／文／库

大学生心理健康

周少贤◎著

中国社会科学出版社

图书在版编目（CIP）数据

大学生心理健康／周少贤著 . —北京：中国社会科学出版社，2016.6
ISBN 978 - 7 - 5161 - 8434 - 9

Ⅰ.①大…　Ⅱ.①周…　Ⅲ.①大学生—心理健康—健康教育—
高等学校—教材　Ⅳ.①B844.2

中国版本图书馆 CIP 数据核字（2016）第 138258 号

出 版 人	赵剑英
责任编辑	李炳青
责任校对	季　静
责任印制	李寡寡

出　　版	中国社会科学出版社
社　　址	北京鼓楼西大街甲 158 号
邮　　编	100720
网　　址	http://www.csspw.cn
发 行 部	010 - 84083685
门 市 部	010 - 84029450
经　　销	新华书店及其他书店

印　　刷	北京君升印刷有限公司
装　　订	廊坊市广阳区广增装订厂
版　　次	2016 年 6 月第 1 版
印　　次	2016 年 6 月第 1 次印刷

开　　本	710 × 1000　1/16
印　　张	15
插　　页	2
字　　数	265 千字
定　　价	58.00 元

《中青文库》编辑说明

　　《中青文库》，是由中国青年政治学院着力打造的学术著作出版品牌。

　　中国青年政治学院的前身是 1948 年 9 月成立的中国共产主义青年团中央团校（简称"中央团校"）。为加速团干部队伍革命化、年轻化、知识化、专业化建设，提高青少年工作水平，为党培养更多的后备干部和思想政治工作专门人才，在党中央的关怀和支持下，1985年 9 月，国家批准成立中国青年政治学院，同时继续保留中央团校的校名，承担普通高等教育与共青团干部教育培训的双重职能。学校自成立以来，坚持"实事求是，朝气蓬勃"的优良传统和作风，秉持"质量立校、特色兴校"的办学理念，不断开拓创新，教育质量和办学水平不断提高，为国家经济、社会发展和共青团事业培养了大批高素质人才。目前，学校是由教育部和共青团中央共建的高等学校，也是共青团中央直属的唯一一所普通高等学校。学校还是教育部批准的国家大学生文化素质教育基地、全国高校创业教育实践基地，是中华全国青年联合会和国际劳工组织命名的大学生 KAB 创业教育基地，是民政部批准的首批社会工作人才培训基地。学校与中央编译局共建青年政治人才培养研究基地，与国家图书馆共建国家图书馆团中央分馆，与北京市共建社会工作人才发展研究院和青少年生命教育基地。2006 年接受教育部本科教学工作水平评估，评估结论为"优秀"。2012 年获批为首批卓越法律人才教育培养基地。学校已建立起包括本科教育、研究生教育、留学生教育、继续教育和团干部培训在内的多形式、多层次的教育格局。设有中国马克思主义学院、青少年工作系、社会工作学院、法学院、经济管理学院、新闻传播学院、公共管理系、中国语言文学系、外国语言文学系9个教学院系，文化基础部、外语教学研究中心、计算机教学与应用中心、体育教学中心4个教学中心（部），中央团校教育培训学院、继续教育学院、国际教育交流学院3个教育培训机构。

学校现有专业以人文社会科学为主，涵盖哲学、经济学、法学、文学、管理学、教育学6个学科门类，拥有哲学、马克思主义理论、法学、社会学、新闻传播学和应用经济学6个一级学科硕士授权点、1个二级学科授权点和3个类别的专业型硕士授权点。设有马克思主义哲学、马克思主义基本原理、外国哲学、思想政治教育、青年与国际政治、少年儿童与思想意识教育、刑法学、经济法学、诉讼法学、民商法学、国际法学、社会学、世界经济、金融学、数量经济学、新闻学、传播学、文化哲学、社会管理19个学术型硕士学位专业，法律（法学）、法律（非法学）、教育管理、学科教学（思政）、社会工作5个专业型硕士学位专业。设有思想政治教育、法学、社会工作、劳动与社会保障、社会学、经济学、财务管理、国际经济与贸易、新闻学、广播电视学、政治学与行政学、汉语言文学和英语13个学士学位专业，同时设有中国马克思主义研究中心、青少年研究院、共青团工作理论研究院、新农村发展研究院、中国志愿服务信息资料研究中心、青少年研究信息资料中心等科研机构。

在学校的跨越式发展中，科研工作一直作为体现学校质量和特色的重要内容而被予以高度重视。2002年，学校制定了教师学术著作出版基金资助条例，旨在鼓励教师的个性化研究与著述，更期之以兼具人文精神与思想智慧的精品涌现。出版基金创设之初，有学术丛书和学术译丛两个系列，意在开掘本校资源与迻译域外精华。随着年轻教师的增加和学校科研支持力度的加大，2007年又增设了博士论文文库系列，用以鼓励新人，成就学术。三个系列共同构成了对教师学术研究成果的多层次支持体系。

十几年来，学校共资助教师出版学术著作百余部，内容涉及哲学、政治学、法学、社会学、经济学、文学艺术、历史学、管理学、新闻与传播等学科。学校资助出版的初具规模，激励了教师的科研热情，活跃了校内的学术气氛，也获得了很好的社会影响。在特色化办学愈益成为当下各高校发展之路的共识中，2010 年，校学术委员会将遴选出的一批学术著作，辑为《中青文库》，予以资助出版。《中青文库》第一批（15 本）、第二批（6 本）、第三批（6 本）、第四批（10 本）陆续出版后，有效展示了学校的科研水平和实力，在学术界和社会上产生了很好的反响。本辑作为第五批共推出 13 本著作，并希冀通过这项工作的陆续展开而更加突出学校特色，形成自身的学术风格与学术品牌。

在《中青文库》的编辑、审校过程中，中国社会科学出版社的编辑人员认真负责，用力颇勤，在此一并予以感谢！

前　言

　　人生有很多需要追求的东西，但健康是追求一切的根本。健康包含身体健康，也包含心理健康，对于一个身处焦虑时代的大学生来说，心理健康的意义远远大于生理健康。21 世纪的大学生，作为 90 后的新一代，他们面临着比过去更多的学习与适应问题，内心遭遇了更多的挑战和挫折。因此，拥有一个良好的心理素质，是当代大学生成功、成长的前提。笔者作为一名长期从事大学生心理咨询和心理健康教育的工作者，对此有着深刻的体会。很多大学生不仅仅带着社会的期待和自我实现的梦想在苦苦追求，内心还充满了各种迷茫和困惑，精神的压力就像一座沉重的大山，压在当今大学生的头上。为此，笔者希望以本书为载体，和大学生朋友们聊聊心理健康的问题，帮助他们拨开心灵的迷雾，快乐而轻松地度过大学生活，走向更美好的未来！

　　本书共分九章，根据大学生心理特点与成长过程中的心理需求，密切联系大学生容易产生心理困惑的实际案例，主要论述了自我意识、人际关系、爱情困惑、学业压力、情绪管理、家庭问题、目标管理以及珍爱生命等大学学习生活中常见的心理问题，并给予心理健康方面的科学指导。第一至八章由笔者编写，第九章由中国青年政治学院左涛老师编写，每一章都将系统的心理学知识与大学生的生活实际相联系，希望大学生朋友们通过阅读此书学会心理调适的方法，掌握塑造自我人格的基本途径，树立维护心理健康的意识，在人生的道路上走得更轻松、更长远、更成功！

　　一本书就是一部作品，无论存在多少的问题和不足，都是一个非常艰辛的过程。本书在撰写的过程中引用了很多国内外专家学者的观点和研究成果，采用了很多大学生的真实故事，在此，对这些学者和可爱的大学生朋友表示感谢，谢谢他们给本书提供了良好的理论支持以及直接的案例材料！虽然在撰写过程中，力求做到科学性、实用性、趣味性和新颖性并存，但是由于作者水平有限，肯定还存在各种不足和失误，敬请各位读者原谅，并提出宝贵意见！

作者

2015 年 11 月 10 日

目　　录

第一章　发掘"心"之宝藏
——心理健康

　　夜深了，窗外的世界静悄悄的，柔和的灯光下，我翻开自己的记事本，这里是我上大学以来埋藏自己心里话的地方，一想到我都已经大四了，心中不禁感慨万千，现在看来今天要写的恐怕已是尾声了，回首上大学以来的心路历程，其中有过欢笑，有过悲哀，有过彷徨，也有过执着……细细品味，就不禁思绪万千……

　　还记得以前看校园题材连续剧的时候，往往看到剧中的男女主人公在毕业典礼的那一天向蓝天白云振臂高呼："我们毕业了！"感觉那一刻超级幸福，那种幸福是多么的简单，一直以为毕业离我是很遥远的事，没想到今天我也毕业了，这种切身体会的幸福是这么美妙，一切都好似昨天一样记忆犹新，每一个细节都让我激动不已，回首往事，我满怀感恩之心，泪流满面……

这是一位普通的大学毕业生在其日记中的一番毕业感言，可能较贴切地反映出了我国每一位大学生的心声，其中对于自己人生的感悟和对于生活的热爱溢于言表，我认为这些心路历程只有在有过精彩的经历的时候才能拥有它们，所以，亲爱的大学生朋友们，你们想在度过自己的四年美好时光以后也拥有"心"的财富吗？那就请和我们一起从现在开始认识和探讨一下我们每一个人自己的内心，一点一滴地从现在开始积累属于你的"心"的财富吧。

第一节 真正"心"世界

——心理健康的内涵

☺ 心理之窗①

一个人只有美好的愿望，却不了解自己，则是个迷茫的人；一个人只有优异的成绩，却不懂得怎样与人交往，则是个寂寞的人；一个人只有过人的智商，却不懂得怎样控制自己的情绪，那他一定是个危险的人。

这些话绝非危言耸听，大学生朋友们，如果想让自己的生活过得快乐，那么我们就应该让自己的"心"快乐，就应该了解自己的"心"，了解什么是心理健康。

一 轻轻地捅破这层窗户纸——说说我们的心理健康

小雨是一个青春靓丽的女孩，初中时她就是一些男生私下里议论的对象，理所当然地成了"班花"。对此，小雨的感觉非常好，对自己的外形非常有自信。

但无奈的是，步入大学后，周围的同学个个都是高手，小雨开始有些不适应，她明白了一点：大学面向社会，好比是 T 台的幕后，自己在四年以后就不得不从幕后走到台前，所以要很努力才行啊，不然怎么去征服观众呢？因此，小雨为未来的大学生活制订了详细的计划，努力历练自己的能力，争取将来找份好工作。

对于外形，小雨对自己有百分百的自信，但还是恐惧一点，那就是学业，这是自己心中永远的阴影啊。为此，小雨下决心要在大学四年打个漂亮的翻身仗！她如同对自己身材的自信一般，每天上课都充满着朝气和斗志，上课时认真听讲，专心记笔记，扎扎实实锻炼自己，就这样一步一步地向自己的目标靠拢。

---

① 本书每节共分三个部分："心理之窗"主要介绍心理健康知识；"心域行走"主要是围绕心理知识设计的一些体验性的活动，具有理论联系实际的作用；"超级测试"主要是提供专业的心理测试帮助同学了解自我，测试结果仅供参考。本书后面不再一一注释。

小雨坚信：虽然自己学习成绩一向平平，但既然选择了大学，那么就一定要有所作为，学到些东西才好。虽然家里人对自己没有很高的期望，但自己不能对自己不抱希望，就这样，小雨始终微笑着走在人生道路上，微笑着去迎接每一天的美好新生活。

听完了小雨的经历，你有什么感受呢？的确，小雨的成功之源就在于她的"心"，是她那良好自信的心态帮助她渡过了难关，并取得了不错的成绩。所以，大学生朋友们，你们能小看"心"的力量吗？

（一）健康新概念

"心理健康"的这个话题已经日益成了现代社会健康概念的一个重要组成部分，它决定着我们每个人的实际生存质量，在1946年的时候，世界卫生组织就这样定义我们的健康：

> 健康就是在我们的身体上、心理上和自己对社会功能的完善上都处于一种完满的状态，而不再仅仅是指什么"没有疾病和虚弱"的那种肤浅的认识状态。

但这还不够，后来，世界卫生组织在1948年阿拉木图的成立大会上，又增加了一项重要的议程，就是给出了健康的"新概念"：

> 健康不仅仅是没有疾病和残缺，而且应在生理上、心理上和社会适应能力方面都处于一种完好的状态。

按照世界卫生组织给出的健康的定义，作为一个个体只是在身体上没有疾病，这只能片面地说明他具备了身体健康；只有这个个体在心理和社会功能等方面都处于完好的状态，那我们才可称其为心理健康。实际上，在身患疾病的过程中，人在身体、心理和社会功能这三个层面上所受到损害的程度经常是不均等的，而且主要是以某个层面的损害为主。或者说，会有某个层面的损害是原发性的，进而使得其他的层面也出现异常，最终使得生理、心理和社会功能出现全面异常。如果一种疾病只是以对身体的损害为主，那么则一般可称之为躯体疾病；但如果一种疾病的损害已经主要表现在心理或社会功能等其他方面，进而又导致了个体出现许多心理和社会功能的异常，这就是我们常说的心理障碍甚至精神疾病了。

（二）心理健康的意义

虽然很多人还没有意识到心理健康的重要性，但显然，心理健康在我们每个人的健康中都占有重要的位置。这是因为心理健康会直接影响和制约人躯体的生理健康，同时也直接影响着人的社会适应能力。一个心理不健康的人，通过心理影响生理的途径，必然会使身体的生理功能承受损害。同样，一个心理不健康的人，由于心理导向的偏差，也必然会严重影响到其社会的适应功能。因此，把健康概念推延到心理健康的层次，这是人类对于健康的认识和理解又进一步深化的表现。

心理健康的价值可以从以下三个方面体现：

首先，让我们从现代的生命观来看：人的生命本质，主要不是表现在身体上，而是表现在我们的生活行为上和人格生命上。人类真正的富有是精神上的富有，真正的力量是精神上的力量，人的价值是由他的精神力量和精神深度所决定的。正是从这个意义上讲，人的发展的本质，是人的精神的、心理的发展。也就是说，人身体的潜能是有限的，而人心理的潜能是无限的，心理健康从根本上决定着我们人生的成败。

其次，我们从现代的健康观来看：正如世界卫生组织给出的健康新概念所说的那样："健康不仅仅是身体没有疾病，而且是一种个体在身体上、精神上和社会适应上处于完全安好的一种状态"。而我国著名的教育家陶行知先生也曾说过："健康是生活的出发点，也就是个人成长的出发点。"可见，一个健康的人应该是身心健康的，其中心理上的健康既是身体健康的保证，也是人类健康的最终标准。

最后，我们从现代的教育观也可以看出：人格的教育和个性的教育较之知识的教育和智能的教育要更为重要。有健全的人格而缺乏知识，仍不失其成为一个人的价值，在有了健全的人格以后，自然就会有求知的欲望产生；但是反过来说，如果我们没有健全的人格，而仅仅只有知识，那就会造成知识的误用或滥用，使自己成为一个"危险品"，其结果往往是使得知识和智慧反而成了有害的东西。因此，从某种意义上来说，成为一个健康的人，尤其是一个心理健康的人远比成为一个只拥有专业知识而不健康的人更为重要。

二　到底是健康还是不健康——心理健康的标准

说到心理健康，可能很多人立刻就会冒出一个问题，就是我心理健康吗？衡量一个人是否健康，应从哪些角度考虑呢？

（一）衡量心理健康的三个角度

由于心理的特殊性，在考虑心理健康标准的时候，可以从三个角度来看。

首先，关于心理活动与环境的协调性。一般来说，我们每个人作为一个个体，自己的心理活动是对整个客观物质世界的现实反映，故应该和外部的环境保持一致性和协调性。如果这种一致性和协调性遭到了破坏，例如自己对客观世界进行了歪曲或虚构，均可能导致异常心理的发生，从而使得自己的心理变得不健康。

其次，是心理活动内部的协调性。个体在心理过程中的认知活动、情感活动和意志活动等应该是保持协调一致的，心理活动与其行为也应该协调一致，这种统一的心理活动保证了个体具有良好的社会功能，并能进行行之有效的活动。如果个体的心理活动出现了内部相互不协调，甚至出现分裂，那么即意味着心理健康水平的下降。

最后，要注重心理活动的稳定性。个体的心理活动是遗传和环境交互作用的结果，在人的发展过程中，心理发展及其表现有着其自身的内在规律和内在的稳定性。一种观点认为：过去的我、现在的我和将来的我均有着内在的和必然的联系，随着个体的发展，心理活动的变化应该是稳定和有规律的。反之，那些突然的、不符合规律的变化均预示着个体心理健康水平的下降。

（二）心理健康的十项标准

以上的三点很浅显地介绍了一般心理健康的衡量角度。下面再介绍判断心理是否健康的十项标准：

1. 正确的自我意识

一个心理健康的人能体验到自己存在的价值，既能了解自己，又能接受自己，具有自知之明，可以对自己的能力、性格、情绪都能做出恰当、客观的评价，对自己不会提出苛刻的期望与要求，因而对自己总是满意的。同时，努力发掘自身潜能，即使对自己无法补救的缺陷，也能安然接纳。

2. 正视现实，适应社会

从某种意义上说，心理是适应环境的工具，人类为了保存个体和延续种族，为了自我发展和完善，就必须适应环境。因为，一个人从生到死，始终不能脱离自己的生存环境。环境是不断变化的，有时变动很大，这就需要个体采取主动性的或被动性的措施，使自身与环境达到新的平衡，这一过程就是适应。当生活环境突然变化时，一个人能否很快地采取各种措施去适应，并保持心理平衡，往往反映着一个人的心理健康水平。

3. 和谐的人际关系

人际关系的协调与否，对人的心理健康有很大的影响。人际关系包括正向积极的关系和负向消极的关系。心理健康的人乐于与人交往，不仅能接受自我，也能接受他人，悦纳他人，能认可别人存在的重要性和作用。心理健康的人能为他人所理解，为他人和集体所接受，能与他人相互沟通和交往，人际关系协调和谐。心理健康的人乐群性强，既能在与挚友团聚之时共享欢乐，也能在独处沉思之时而无孤独之感。

4. 智力正常

智力正常是人正常生活最基本的心理条件，是心理健康的主要标准。智力是人的观察力、记忆力、想象力、思考力和操作能力的综合。一般常用智力测验来诊断智力发展水平，如果智商低于 70 分为智力落后，智商在 80 分以上为心理健康的标准。

5. 情绪自控

心理健康的人，其愉快、乐观、开朗、满意等积极情绪占据优势，虽然也会有悲、忧、愁、怒等消极的情绪体验，但一般不会长久。心理健康的人能适当地表达、控制自己的情绪，喜不狂，忧不绝，胜不骄，败不馁。

6. 积极的人生态度

心理健康的人珍惜和热爱生活，积极投身生活，在生活中尽情享受人生的乐趣。他们总能看到生活美好而有意义的一面，不会悲观地看待问题。

7. 人格完整统一

人格完整即人的整体的精神面貌能够完整、协调、和谐地表现出来。思考问题的方式是适中和合理的，待人接物能采取恰当灵活的态度，对外界刺激不会有偏颇的情绪和行为反应。

8. 个人能力得到发挥

能够在工作中尽可能地发挥自己的个性和聪明才智，并从工作的成果中获得满足和激励，把工作当成乐趣而不是负担。不存在"英雄无用武之地"的抱怨和敌视。

9. 适当满足个人需要

每个人都有最基本的需求，需要生存、需要保证生命的安全，需要归属和爱，需要尊重和人生的自我实现。心理健康的人会正视这些需求，并适当地满足这些需求，知道如何关爱自己、照顾自己，而不是压抑自己的需要，漠视自己内心的真正诉求。

10. 心理行为符合年龄、性别特征

在生命发展的不同年龄段，都有与之对应的不同的心理与行为，从而形成不同年龄段独特的心理与行为模式。心理健康的人应具有与同年龄段大多数人一样的心理与行为特征。如果一个人的心理与行为表现与同年龄阶段的其他人相比，存在明显的差异，一般就是心理不健康的表现。人的心理行为也应与其性别特征大致相符，如果女子过分地男性化，或者男子过分地女性化，那则都易造成社会性别角色的反差和冲突，从而使自己难以适应社会和群体，因此会造成心理的失衡和痛苦。

三 每个人都有心理问题——心理健康灰色区

人的心理健康与不健康并无明确的界线，它是一个连续变化的过程。如果将人的精神正常比作白色，精神不正常比作黑色，那么在白色与黑色之间存在着一个很大的缓冲区域——灰色区，大多数人都散落在这一灰色区域内。灰色区域又可以进一步划分为浅灰色区和深灰色区。浅灰色区的人只有心理冲突而无人格变态，其突出表现为由诸如失恋、丧亲、夫妻纠纷、家庭不和、工作不顺心、人际关系不和睦等生活矛盾而带来的心理不平衡与精神压抑。深灰色区的人则患有种种异常人格和神经症，如强迫症、恐惧症、癔症、性倒错等。浅灰色区与深灰色区之间无明确界线。

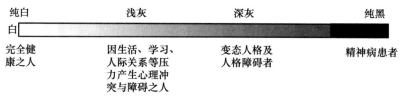

图 1—1　心理健康灰色区

心理健康"灰色区"的理论告诉我们心理健康不是绝对的，大多数人都处在绝对健康与精神病患者的中间状态。心理健康标准是一个完美状态，正如没有绝对意义上的身体健康一样，也没有绝对意义上的心理健康，大多数人的心理健康状况都处于灰色区，心理健康与不健康是一种连续、动态变化的状态，有不健康的心理和行为表现与心理不健康之间不能画等号。所以如果你的状况对照上面的十条标准来检验自己是否健康，很可能会发现你很难满足全部的十条标准，其实这是正常的，就像现在流行的一句玩笑话那样"现在谁没点抑郁、焦虑啥的，哪好意思出门啊"！

☺ 心域行走

课堂活动：体验自己的心理到底多健康

通过设置多样化的活动，让学生对大学生常见的心理疾病有一些了解，同时正确看待这些心理疾病。

健康"心"线段

希望你拿出一张纸，铺在桌子上，第一步，先在纸上画一道从左到右的直线，两端都画上箭头。它是一根被相反力量抻拉着的直线。

第二步，把直线分成三份。注意，不是平均分配，而是两端较短，中间较长。现在，直线变成下面这个样子。

第三步，在直线的左面写上：精神病人；在直线的右面写上：心理超健康的人；在直线的中间部分写上：正常人。现在，直线就变成了：

精神病人　　　　　　　　　　　　正常人　　　　　　　　　　心理超健康的人

至此，这个图就完成了。你会把自己贴在什么位置呢？你怎么看这样的一个位置呢。

☺ 超级测试

中国学生心理健康量表

下面是有关你近来心理状态的一些问题，请你仔细阅读每一个题目，然后根据自己的实际情况认真填写。每一个题目都没有对错之分，请尽快回答，不要在每道题上过多思索。

每道题目都有五个等级供你选择。按程度的高低分别用1、2、3、4、5来表示：1 = 从无，2 = 轻度，3 = 中度，4 = 偏重，5 = 严重。每个题目只能选一个等级，每个题目都要回答。

1. 我不喜欢学校的课外活动（　　）

2. 我心情时好时坏（　　）

3. 做作业必须反复检查（　　）

4. 感到人们对我不友好，不喜欢我（　　）

5. 我感到苦闷（　　）

6. 我感到紧张或容易紧张（　　）

7. 我学习劲头时高时低（　　）

8. 我对现在的学校生活感到不适应（　　）

9. 我看不惯现在的社会风气（　　）

10. 为保证正确，做事必须做得很慢（　　）

11. 我的想法总与别人不一样（　　）

12. 总担心自己的衣服是否整齐（　）

13. 容易哭泣（　）

14. 我感到前途没有希望（　）

15. 我感到坐立不安，心神不定（　）

16. 经常责怪自己（　）

17. 当别人看着我或议论我时，感到不自在（　）

18. 感到别人不理解我，不同情我（　）

19. 我常发脾气，想控制但控制不住（　）

20. 觉得别人想占我的便宜（　）

21. 大叫或摔东西（　）

22. 总在想一些不必要的事情（　）

23. 必须反复洗手或反复数数（　）

24. 总感到有人在背后议论我（　）

25. 时常与人争论、抬杠（　）

26. 我觉得大多数人都不可信任（　）

27. 我对做作业的热情忽高忽低（　）

28. 同学考试成绩比我高，我感到难过（　）

29. 我不适应老师的教学方法（　）

30. 老师对我不公平（　）

31. 我感到学习负担很重（　）

32. 我对同学忽冷忽热（　）

33. 上课时，总担心老师会提问自己（　）

34. 我无缘无故地突然感到害怕（　）

35. 我对老师时而亲近，时而疏远（　）

36. 一听说要考试，心里就感到紧张（　）

37. 别的同学穿戴比我好，有钱，我感到很不舒服（　）

38. 我讨厌做作业（　）

39. 家里环境干扰我的学习（　）

40. 我讨厌学习（　）

41. 我不喜欢班里的风气（　）

42. 父母对我不公平（　）

43. 感到心里烦躁（　）

45. 我的感情容易受到别人伤害（　）

46. 觉得心里不踏实（　）

47. 别人对我的表现评价不恰当（　）

48. 明知担心没有用，但总害怕考不好（　）

49. 总觉得别人在跟我作对（　）

50. 我容易激动与烦恼（　）

51. 同异性在一起时，感到害羞不自在（　）

52. 有想伤害他人或打人的冲动（　）

53. 我对父母时而亲热，时而冷淡（　）

54. 我对比我强的同学并不服气（　）

55. 我讨厌考试（　）

56. 心里总觉得有事（　）

57. 经常有自杀的念头（　）

58. 有想摔东西的冲动（　）

59. 要求别人十全十美（　）

60. 同学考试成绩比我高，但我觉得能力并不比我强（　）

计分与评分方法：

中国学生心理健康量表是由 60 个项目的得分加在一起除以 60，得出受试者心理健康的总均分，该分数表示心理健康总体状况。被试在每个项目上选择的数字即为该项目得分。

心理健康总均分如果低于 2 分，表示心理健康总体上是良好的。

如果心理健康总均分超过 2 分，表示心理健康存在一定的问题。

如果总均分在 2—2.99 分之间，表示心理健康总体上存在轻度问题。

心理健康总均分在 3—3.99 分之间，表示心理健康存在中等程度的问题。

心理健康总均分在 4—4.99 分之间，表示心理健康在总体上存在较严重的问题。

心理健康总均分为 5 分，表示心理健康存在着严重的问题。

第二节　揭开"心"异常
——心理咨询与心理疾病

☺ *心理之窗*

一　还原一个本来真实的面目——正确看待心理咨询

（一）什么是心理咨询

某个下午，作为咨询师的我正在办公室里像往常一样工作着，在这个毕业季里，同学们不是忙着找工作，就是忙着考试，使得一向忙碌的我经常孤零零地一个人在办公室里。就在这个时候，办公室的门被推开了，身着华丽毕业礼服的一名学生走了进来，这位曾经做过心理咨询的毕业生要跟我合影，要穿着学士服在我的咨询室里做最后的一次咨询，我真的惊呆了，这是我从来没有遇到过的事情。作为，一名心理咨询师，我不敢主动和认识的同学打招呼，害怕他们因为认识我而给自己的生活带来尴尬，我深知同学们都不愿意被人知道自己曾经做过心理咨询，所以我和同学的相处都是悄悄的、不被人知的，更别提毕业了来找我合影留念之类的事情了。所以，我很感激这位同学在毕业了还记得我这位"特殊"的老师，但同时更欣慰的是，已经有越来越多的同学开始接受心理咨询了，他们对于接受心理咨询没有了以往的羞耻感，可以坦然面对了。就像这个毕业生跟我说的那样，"心理咨询给了我很多不一样的东西，我大学四年的每个困难时期都和心理咨询有关，心理咨询的经历就是我大学四年的痕迹，所以在学业结束的时候，我特别想用心理咨询为大学生活作结语"。听后我非常感动，在自己的日记里写下了下面这篇文章《不要忘记你的身边有我》：

你听说过 xx 大学有一个心理咨询中心吗？你知道心理咨询中心在什么地方吗？你知道心理咨询中心的电话以及怎么预约吗？你曾经进入过心理咨询中心的办公室吗？如果这些问题中你能回答1—2个"是的"，我，一名专职心理咨询师将感到无比欣慰。每天除了上课，大部分时间我都会坐在办公室里，偏僻的位置让这里非常安静，以至于很多人不会想到学校里还有这样一个角落，偶尔有同学路过这里，常常会留下吃惊和恐惧，"学校居然有这样一间办公室，你敢进去吗？"接着一串带有逃离色彩的脚步声让坐在办公室里的我感到遗憾。真想走出来跟他们说："同学，我想邀请你进来参观一下，你看我的办公室非常温馨，不像学校其他办公室那样规规矩矩，而且如果你来找我的话，可以坐在舒服的沙发上，喝着茶水，慢慢跟我讲。"说到这里有些同学会说：老师我不是觉得你办公室可怕，而是觉得进去之后自己就等同于一个患有心理疾病的病人，这种结果可怕。确实，走进来和我分享的一个又一个的故事，大多数以伤心、迷茫、孤独等负面情绪为主旋律，但不意味着这些人肯定有心理疾病。现代社会竞争激烈，作为一名心理老师，我特别清楚我的学生们生活得是多么不容易，承载着父母的期待、怀揣个人的梦想，现实的每一天距离这些却相去甚远，不知道未来会怎样，内心总有莫名的恐惧和焦虑，而这些心里的苦不能对父母说，也不一定可以和同学讲，而我和我的办公室将是你倾诉烦恼、得到陪伴和寻求帮助的最合适的人和地方。

当然，每个人都有可能患上某些心理疾病，就像我们都会感冒一样，这其实并不可怕，也不是什么见不得人的事情。更何况大部分人的所谓心理疾病，只是心理的亚健康状态，即完全的心理健康和典型的心理疾病中间的状态，都是生活的压力使然。我是一名心理咨询师，但是我依然会焦虑，会失眠，甚至在刚刚做母亲的时候经历过产后抑郁。有了压力并不可怕，重要的是要有勇气面对生活中太多的不快乐，积极地去解决和改变。

所以，回到题目的那句话，任何时候你觉得不快乐了，别忘记你的身边有我——一名心理咨询师。

这是笔者有感而发的一篇手记，从文章中可以看出当前很多同学还是不太了解心理咨询，觉得心理咨询是一件非常丢人的事情。

实际上，心理咨询是指心理咨询师协助求助者解决心理问题的过程，是由受过训练的专业人员在与来访者建立良好人际关系的基础上，通过心理学手段帮助当事人处理学习、生活等各方面的问题，促使当事人自我成长、适应压力与挑战，使自我做适当的改变，最后充分发挥自我的潜能。

（二）对心理咨询的几个误区

当前，大学生面临很大的社会压力，比如樊富珉、李伟 2000 年在清华大学进行的调查研究发现，71.3% 的大学生承受较大的压力。国内外很多研究都表明，当前高校至少有 10% 的大学生存在一定的心理困惑或轻度心理障碍。但又有多少学生会因为自己的心理困惑而积极求助呢？笔者在 2007 年做过一个调查，结果发现大学期间曾经求助过心理咨询的学生人数在全体学生中的比例是很低的，在所调查的高校里，即使在咨询人数最多的学期，咨询学生的人数占全体学生人数的比例也仅为 1.1%。这与当前大学生存在心理困惑的比例是非常不对称的。虽然造成这种结果的原因是多方面的，但是至少说明了很多同学很少关注自己的心理健康问题，他们不愿意接受自己存在心理困惑的事实，似乎觉得有心理问题非常丢人，他们对心理咨询的认识还存在很多误区。

1. 去做心理咨询的人都是心理有毛病的人甚至心理变态

错。心理咨询的对象主要是在日常生活中遇到困难或挫折而产生心理困扰的正常人群。心理障碍患者是心理咨询的一小部分，发病期的精神病人不属于心理咨询的范畴。

2. 心理咨询师几乎无所不能，什么问题都能解决

错。谁都不是万能的。心理咨询是一个连续的、艰难的改变过程，咨询效果的影响因素很多，如果求询者没有强烈的求助、改变的动机，咨询效果一定不会理想，心理咨询是助人自助的过程。

3. 心理咨询就是同情安慰，和朋友谈心没什么区别

错。心理咨询的目标是鼓励人自助，帮助他经历痛苦，战胜痛苦，走出困惑，它不是同情而是同理。同情只须涉及对方感情上的安慰和物质上的帮助。而且心理咨询不替人做决定，只有应用心理咨询的原理和技术方法才能进行。

4. 心理咨询师就是给出解决方案的人

错。有人认为心理咨询的成效 30% 取决于咨询师，70% 取决于来访者。咨询师只起分析、引导、启发、支持、促进来访者人格成长的作用，他无权把自己的价值观和愿望强加给来访者，更不能代替来访者去思考、去改变、去做决定。答案必须由来访者在咨询师的帮助下自己去找。

5. 心理咨询就是做思想政治教育工作

错。心理咨询完全不同于思想政治工作，心理咨询的专业基础是心理学，它依靠心理咨询师的同感力、觉察力、沟通力以及对来访者无条件的支持和尊重，运用心理治疗的专业技术手段，帮助来访者解开内心的心理困惑、获得个人的成长。心理咨询遵循保密性、关爱性、服务性等原则，是非常专业的工作领域。绝对不是简单地对学生进行说服教育，更不是以权威的姿态批评学生。

二 别让我的心太 BT——了解"变态"的心

什么是"变态"的心理呢？其实很简单，就是我前面提到过的心理疾病，那什么又是心理疾病呢？

（一）心理疾病及其判断标准

一个人由于精神上的紧张状态的干扰，而使自己在思想上、情感上和行为上等许多方面都发生了偏离自己平时正常的社会生活规范的轨道，甚至严重违背了自己的生活准则和规范，这种心理和行为上偏离社会生活规范的程度就有可能慢慢在接近心理疾病。偏离的越厉害，那么，这个人的心理疾病肯定就越严重。判断心理疾病的时候通常会考虑以下三个方面的症状：

1. 异常心理发生的频率。偶尔发生的异常心理可能不足以确诊为疾病，但是经常发生的异常心理现象则可能形成心理障碍甚至心理疾病。

2. 异常心理的持续时间。异常心理持续的时间越长，形成心理障碍的可能性就越大，从而导致个体出现心理障碍或心理疾病。

3. 异常心理发生的严重性。这种严重性主要是从以下几方面来判断得出的：（1）是否影响本人的社会功能；（2）是否使本人感到痛苦；（3）是否会影响到他人的生活。这三点记住了，你就可以知道心理疾病发展到什么程度了。

（二）几种常见心理疾病

说到这里，大家可能要问了，心理疾病具体有哪些呢？这个问题其实很简单，我们平常所说的"抑郁、焦虑、强迫、恐惧、妄想和躁狂"等诸多的心理问题或者心理障碍，都可以统称为心理疾病，这些不良的心理状态对我们的健康都是非常有害的。

1. 神经症

一种精神障碍，通常存在明显的心理冲突，个体感到精神痛苦并且持续很久的时间，会给人的心理功能或者社会功能带来妨碍；但医学检查却没有明显的器质性病变。常见的神经症包括神经衰弱、焦虑症、强迫症、恐惧症。

17 岁的婷婷（为化名）由母亲陪同前来咨询。该学生满面倦容，在母亲的鼓励下才开始缓缓自述。自升入高三以来，她经常感到身心持续疲惫，做什么事都常感到力不从心，乃至心不足而力更不足。开始只是表现在一些比较重要和复杂的活动中，如考试、比赛等，后来就几乎影响到所有方面。学习时间稍长就哈欠连天，头昏脑涨，分心、眼花、嗜睡，有时星期天睡上一整天，也觉得很不解乏，浑身酸懒无力。平时经常失眠。尽管她知道学习已经进入总复习阶段，学习任务越来越重，保持足够的睡眠很重要，但她偏偏难以顺利入睡。室内钟表的嘀嗒声，电冰箱的制冷声，窗外风吹落叶声乃至远方汽车驶过的轰鸣声等都格外清晰、刺耳。她感觉脑子反应越来越差，记忆力下降，考试前表现得更为明显。

婷婷最后被诊断为神经症，属于神经衰弱的表现。

2. 精神分裂症

一种病因未明的常见智能障碍，具有感知、思维、情绪、意志和行为等多方面的障碍，以精神活动的不协调和脱离现实为特征。多起病于青壮年，常缓慢起病，病程迁延，发作期自知力基本丧失。具体表现如下：

（1）感知障碍

感觉障碍：感觉过敏、感觉减退、内感性不适。

知觉障碍：主要是出现幻觉，包括幻听、幻视、幻嗅、幻味、幻触等。

感知综合障碍：视物变形症、非真实感、窥镜症等。

（2）思维障碍

包括思维内容障碍（主要有妄想），歪曲事实，甚至荒谬离奇却坚信不疑，无法说服，个人独有，连最亲近的人也无法理解。存在妄想，比如关系妄想、被害妄想、夸大妄想、罪恶妄想、嫉妒妄想、钟情妄想、疑病妄想等。

还有思维形式障碍，具体包括思维奔逸、思维迟缓、思维贫乏、破裂思维、思维散漫、思维不连贯、思维中断、思维插入、思维云集、病理性赘述、病理性象征性思维、词语新作、逻辑倒错性思维等。

（3）情绪障碍

以程度变化为主的，比如情绪高涨、情绪低落、焦虑（无名焦虑）、恐怖；以性质变化为主的，比如情绪迟钝、情绪淡漠、情绪倒错；脑器质性损害的，比如情绪脆弱、易激惹、强制性苦笑、欣快。

（4）意志、行为障碍

意志增强、意志缺乏、意志减退，个体坚持工作、完成学业有很大困难，对自己的前途毫不关心，没有任何打算，活动减少，可以连续坐几个小时而没有任何自发活动。会出现精神运动型兴奋和抑制，比如木僵、违拗、蜡样屈曲、缄默、被动性服从、刻板动作、模仿动作、意向倒错、作态等。

　　每当我接近电视或收音机的时候，脑子里的声音就会变得更为大声，更为强烈，更无所不在。就好像是他们在编写及指挥着我生活的故事，告诉我什么该做，什么不该做，没有我置喙的余地。我未来的弟弟从我母亲凸出的肚子里对我发出威胁的低语："你必须离开"。接着全体声音加入，震天价响地齐声指示我离开："带着收音机到浴室去把自己电死……半夜跳到汽车前面去……把打火机的油洒在身上，把自己烧死……去林子里上吊。"他们详细地指导我自杀的步骤，我情不自禁地竖起耳朵听着，那些声音和他们描述的画面蛊惑着我——到了那时，我脑中还出现过奇怪的影像：模糊难辨的影像在我眼前晃动着。那些影像有时候很清晰，但一闪而过，像照相机的快门，所以分辨不出到底是什么东西。影像来来去去，但那些声音却长伴左右——有时在我耳边大叫，有时退到背地里窃窃私语。只有两件事能压制那些声音：阅读和写作。当我看书的时候，声音便退到背景里，变得模糊不清。所以我拼命地看书，凡是能到手的书我都看，但那些声音守在一旁，等着我看完最后一页，便一跃上台。

这就是一位精神分裂症患者在妄想和幻觉中的挣扎和痛苦，这种挣扎和痛苦有没有给你的内心带来震撼和惊讶？

3. 心境障碍

心境障碍是以显著而持久的情感或心境改变为主要特征的一组精神障碍。通常伴有认知和行为改变，可有精神病性症状，反复发作，间歇期完全缓解或转为慢性。具体有躁狂发作，表现为情绪高涨、思维奔逸、精神运动型兴奋；抑郁发作，表现为情绪低落、思维缓慢、语言动作减少和迟缓；双向障碍，以情绪高涨和情绪低落交错发作为主要特征。

以抑郁症为例。抑郁症是以显著而持久的情绪低落、心境障碍为主要特征的一种疾病。主要特点为：

（1）情绪低落。可从轻度的心情不佳到压抑、苦闷，甚至悲观、绝望。患者常感到心情沉重，失去对生活和工作的兴趣，对前途悲观失望，觉得"活着不如死了好"，并伴有强烈的自责、内疚、无用感，以消极的态度来看待自己的过去、现在和未来。

（2）思维改变，自我评价低。感觉前途一片黑暗。病人往往过分贬低自己的能力，以批判、消极和否定的态度看待自己这也不行，那也不对，把自己说得一无是处，前途一片黑暗。强烈的自责、内疚、无用感、无价值感、无助感，严重时可出现自罪、疑病观念，甚至选择自杀作为自我惩罚的途径。有自杀观念和行为，抑郁症病人对自我的评价往往不高，觉得活着没什么价值，痛苦地活着对家人是拖累，所以他们想到了去死。

（3）情感缺失。丧失兴趣是抑郁病人常见症状之一。对日常生活的兴趣丧失，对各种娱乐或令人高兴的事体验不到乐趣。体验不出天伦之乐，对既往爱好不屑一顾，常闭门独居，疏远亲友，回避社交。病人常主诉"没有感情了"、"情感麻木了"、"高兴不起来了"。

小洁曾经是一个美丽而热情的女孩，但是进入大学后离开了父母的呵护，她有点茫然了。参加了学校和系里的各类学生干部、干事的竞选，结果都失败了。长这么大，第一次体会到如此"沉重"的打击，一向好胜的小洁陷入了自我否定的泥潭。另外，就是小洁的性格争强好胜，在寝室里容易与人争执，又很少忍让。长此以往，寝室的同学都不敢"惹"她了，她的人际关系也开始出现了危机。她说我总怀疑别人在议论我，对每个室友都充满了敌意。每次看到别人高兴地在一起玩或学习时，内心充满了孤独感；晚上常常做噩梦，睡眠出现问题，精神状态不佳；没有胃口，常常不知道自己为什么发脾气，也很难控制自己的消极情绪，最终变成了同学眼中的"另类"。而高中在一起的男友在上大学后突然和小洁提出了分手，经过这些事情后，小洁特别自卑，感觉自己毫无用处，什么都做不了，每天情绪低落，对什么都不感兴趣，而且觉得生活没什么意义，做什么都没有价值，看不到生活的希望。整天就想躺在床上，不想上课、不想聊天，内心还很痛苦，身心疲惫，有种想一死了之的冲动，觉得那样就可以解脱了，就不会这么艰难和痛苦了！

小洁很明显是患上了抑郁症，她需要心理咨询师的专业帮助，也需要父母、老师和同学的关心和陪伴，否则一直这样压抑自己，后果会不堪设想。

☺ 心域行走

心理咨询案例分享

治疗师：我对我所听到的任何你愿意和我分享的、任何令你烦恼的、任何你头脑中的东西，都感兴趣。

露丝：现在最困难的是我的体重。每当我感到焦虑和沮丧，就常常暴饮暴食。最近我已经长了约4.5公斤（10磅）。我感到胖了，而且我讨厌这个样子。

治疗师：因为你的饮食和外形，你感到很不开心。

露丝：我的丈夫也是这样的。当我瘦一点时，他更喜欢我。我曾努力节食，但似乎总不能坚持下去。

治疗师：你丈夫和你都很不高兴，我猜想，你对自己能否减轻体重没有信心。

露丝：并不仅仅是减肥，还有我着手去做的一些事情，我似乎都不能坚持到底。通常是我能有一个好的开始，但一旦出了差错，就会垂头丧气失去信心。

治疗师：当受到挫折时你……

露丝：就停下来，感到抑郁。

治疗师：当感到抑郁时你……

露丝：我吃。

治疗师：也就是说你用吃来减轻这种感觉。

露丝：我想是。

治疗师：如果你的情感会说话，它们将说些什么？

露丝：我想它们会说"你什么也做不好"。

治疗师：很严厉的话。

露丝：当我犹豫时我就会看不起自己。有时把事情停下来。也许，我需要参加一个减肥小组，每周测量体重。如果没有减肥，而领导和其他任何人看到我又增重了的话，我会很尴尬不安。我猜想，我需要有人推我一把来达到目标。

治疗师：有时你需要别人帮助你渡过难关。

露丝：我快40岁了，但仍然不知道想要做什么，更不知道能不能做到。我想成为一名教师，但是我丈夫希望我待在家里照顾他和孩子们。我喜欢当母亲和妻子，但是我感到生活在离我而去。

治疗师：因此你有一种紧迫感。生活在向前。虽然你想要教书，但是你不相信自己能够坚持这个目标，或坚持减肥或坚持做任何事情。当遇到挫折时，你就会失去信心，希望有人能够帮你坚持住目标。为了减轻痛苦你就吃。你还害怕如果教书将会疏远丈夫，这使问题更严重。

露丝：基本是这个意思。

治疗师：你对刚才说的有什么感想？

露丝：我认为自己在遇到困难时我过于依赖他人的帮助。我常常依赖于父母或约翰的指导。几年前，我退出教堂，即便那样，我认为父母也不会理解我的举动，或者会接受我的信念。约翰也不可能理解为什么我想读完大学，并且要做一名教师。他会认为我应该很乐意扮演整理家务的角色或扮演母亲的角色。

治疗师：我想你希望被父母和丈夫理解，但是有时候他们就是不这样做。你认为有道理的事情他们并不认为有道理。但你仍然希望得到他们的赞同和支持。当你按照自己的意愿或想法去行事时，你也不会觉得约翰或你父母会认为你有能力做出好的决断。这听起来似乎是你总在为不能得到他人认同而担心，除非别人认为你所做的是最合适的。

露丝：我是这样一个胆小鬼，有时甚至觉得自己永远也不可能去做我认为正确的事，而不顾及他人的意见和看法。

治疗师：很清楚的是他人对你的看法很重要——非常重要，当你让他人对你的看法变得比自己的看法更重要时，你觉得自己是一个胆小鬼。但你确实改变了自己的宗教信仰，并且你也确实完成了学业，有时你完成了开始的事情，做了想做的事情，尽管他人有疑虑。你可以以此为动力。

露丝：对于这些事情，我确实觉得自己做得很好，虽然我花了很长时间读完大学，但是我完成了。而且我认为自己在教学生方面做得很好，我想也许没有理由让他们和我的意见一致，他们对于什么事都有着自己的看法。

治疗师：你也有自己的看法。

露丝：是，我认为我能做，我很肯定我想做一名教师。

——摘自《心理咨询与治疗经典案例》

通过这个案例，你可以初步感受心理咨询的力量与技术吗？它真的不是简单的聊天，更不是忽悠人的，咨询可以让人打开心扉，可以看到真实的自己，可以帮助个人成长，所以从现在开始尊重心理咨询、信任心理咨询吧！

☺ 超级测试

贝克抑郁自评量表

下面有21组项目，每组有4句陈述。请认真阅读每句陈述，根据自己过去两周（包括今天）的实际情况，选出每组陈述中最符合自己感受的一个，并将前面的数字圈起来。如果某组陈述中有不止一句符合你的感受，则选择前面数字最大的那一句。请确认每组陈述都只选定一个答案，包括第16项（睡眠方式的变化）和第18项（食欲的变化）。

1. 0 我不感到悲伤

　　1 我感到悲伤

    2 我始终悲伤，不能自制

    3 我太悲伤或不愉快，不堪忍受

2. 0 我对未来并不失望

    1 我对自己的未来开始感到失望

    2 我感到前景黯淡

    3 我觉得未来毫无希望，情况会越来越糟

3. 0 我不觉得自己是个失败者

    1 我觉得自己比一般人失败的次数多

    2 回首往事，我有过很多失败

    3 我觉得自己是一个彻底的失败者

4. 0 做自己喜欢的事情，能让我得到跟以前同样的乐趣

    1 做自己喜欢的事情，并不能让我得到跟以前同样多的乐趣

    2 即使做自己喜欢的事，我也几乎得不到什么乐趣

    3 即使做自己曾经喜欢的事，我也得不到任何乐趣

5. 0 我并不觉得有什么负罪感

    1 我对自己做过的或者可能做过的许多事情都有负罪感

    2 我在大部分时间里都有负罪感

    3 我在任何时候都充满负罪感

6. 0 我没有觉得自己受到惩罚

    1 我觉得自己可能会受到惩罚

    2 我预料自己将受到惩罚

    3 我觉得自己正受到惩罚

7. 0 我对自己的想法跟以前一样

    1 我对自己失去了信心

    2 我对自己感到失望

    3 我讨厌自己

8. 0 我对自己的批评或责备不比平日更多

    1 我对自己的批评比平日更多

    2 我为自己所犯的所有过错而自责

    3 我觉得一切不幸都是我的错

9. 0 我没有任何自杀的想法

    1 我想自杀，但我不会去做

2 我想自杀

3 如果有机会我就自杀

10.0 我不比往常哭得更多

1 我比往常哭得多2 每一件小事都让我哭个不停

3 我想哭，但哭不出来

11.0 我不比平日更焦躁不安

1 我感觉比平日更焦躁不安

2 我是如此焦躁不安，心情很难平静下来

3 我是如此焦躁不安，不得不一直活动或者做事情

12.0 我对其他人或者日常活动没有失去兴趣

1 和过去相比，我对其他人或者日常活动的兴趣减少了

2 我对其他人或者日常活动的兴趣大部分失去了

3 我很难对任何事产生兴趣

13.0 我做决定跟过去一样没什么困难

1 我发现做决定比往常要困难

2 我发现做个决定比往常要难得多

3 我无法做出任何决定

14.0 我不觉得自己没用

1 我不认为自己像以前那样有用了

2 跟其他人相比，我觉得自己很没用

3 我觉得自己一文不值

15.0 我工作和以前一样好

1 要着手做事，我现在需要额外花些力气

2 无论做什么我必须努力催促自己才行

3 我什么工作也不能做了

16.0 我的睡眠与往常一样好

1a 我比往常睡得多一些

1b 我比往常睡得少一些

2a 我比往常睡得多得多

2b 我比往常睡得少得多

3a 我一天里大部分时间都在睡觉

3b 我比往常早醒1—2小时，而且难以再入睡

23

17. 0 我不比往常更敏感易怒

　　1 我比往常更敏感易怒

　　2 我比往常敏感易怒得多

　　3 我总是很容易发怒

18. 0 我的食欲没什么变化

　　1a 我比往常吃得少一些

　　1b 我比往常吃得多一些

　　2a 我比往常吃得少得多

　　2b 我比往常吃得多得多

　　3a 我一点儿食欲也没有

　　3b 我总是想吃东西

19. 0 我能像往常一样集中注意力

　　1 我不能像往常一样集中注意力

　　2 我很难在任何事上长时间集中注意力

　　3 我发现自己对任何事都无法专心

20. 0 我不比平常更觉得劳累或疲倦

　　1 我比平常更容易感觉到劳累或疲倦

　　2 我感觉非常劳累或疲倦，以至于很多日常的事情都无法完成

　　3 我感觉非常劳累或疲倦，什么事都不想做

21. 0 我没发现自己对异性的兴趣最近有什么变化

　　1 我对异性的兴趣比过去降低了

　　2 我现在对异性的兴趣大大下降了

　　3 我对异性完全没有兴趣

计分与评分方法：

　　每个选项选哪个就计哪个的分数，比如选"0"就计0分，选"3"就计3分，最后计算21道题的总分。如果总分低于10分说明你很健康、无抑郁；总分在10—15分之间，你可能有轻度情绪不良，要注意调节了；总分大于15分者，表明可能存在抑郁倾向，要去看心理医生了；当总分大于25分时，说明抑郁的倾向已经比较明显了，必须去看心理医生。

　　但是否患有抑郁症需要以精神科医生的最终诊断为根据，不能根据本测试进行抑郁的诊断和自评。

第三节 大学生心理健康状况

☺ *心理之窗*

大学生的心理健康问题一直处于人们讨论的风口浪尖，有人说现在的大学生心理素质太差。他们明显处于心理的"断奶期"，面对新的环境、新的观念、新的思维模式，承受能力和适应能力不足，很容易感到心理不适，形成心理障碍。为此，本节专门介绍一下当前大学生心理健康的总体状况。

一 大学生压力的总体状况

大学生的心理健康状况如何，笔者对此专门做了一个调查研究，结果发现，目前大学生的总体压力状况处在中等偏高的水平，感觉没有压力的学生非常少。造成目前大学生感觉压力重重的原因是多方面的，自主择业、工作机会的竞争以及大学中某些机制的不健全都可能给大学生的学习和生活带来压力。另外，大学时期，学习、人际和前途方面的问题是大学生的主要压力源。这在实际生活中也是很好理解的。学习在大学阶段仍是衡量一个学生优秀与否的重要标准，但是在大学阶段，来自学习方面的竞争将更加激烈，大学生想在学习方面有所作为就必须付出更加艰辛的努力，自然而然会面临学习上更大的压力。人际方面，主要是大学时期学生的心理有成熟和幼稚并存的成分，他们渴望和同学建立亲密的关系，但是又在一定程度上自我封闭，所以在大学时期，很多同学都会感觉人情淡漠。还有一个很重要的问题就是恋爱问题，大学阶段，学生对异性的感情尽管不再是朦胧的美好，但渴望爱情的心理却越来越强烈，这也必然给大学生的心理带来一定的压力。

大学生压力的总体状况并不乐观，笔者的研究发现，目前的大学生在生活中感觉没有压力的非常少，总体上有95.3%的学生面临着不同程度的压力，总体的压力程度感觉比较大的占40.6%，而且男生的压力水平要略高于女生的压力水平。

另外，从整体来看，大学阶段所面临的压力主要还是来自于对学习、人际和前途方面的考虑，而经济、恋爱、生活、社会工作等方面对学生的影响所占的比重不是很大。具体来说，有 79.7% 的学生报告有学习压力，55.5% 的学生报告有前途、就业方面的压力，51.6% 的学生报告有人际关系方面的压力。而经济、恋爱、社会工作和生活方面的压力分别为 38.3%、29.7%、22.7%、16.4%。其中学习压力在大学期间占有很大的比重，总体上有 79.7% 的学生有学习压力的问题，也就是说学习问题是大学阶段困扰学生的主要问题。但是随着年级的升高，特别是大三以后，学习方面的压力逐渐减少。恋爱问题在大二和大三的时候比较突出，特别是大三年级有 53.1% 的学生面临着这方面的压力。社会工作的问题在大一时期比较突出，所占比例达到了 40.6%。

把大学生的压力水平在多个维度上进行比较，发现来自农村的大学生在经济上所承受的压力要大于来自城市的学生，性别差异表现在恋爱方面女生所承受的压力要比男生大得多，不同专业的学生在学习上的压力也是差异非常显著的，理科生的学习压力要远远高于文科生。

二 影响大学生心理健康的主要因素

1. 生物因素

其中对心理健康影响最大的生物因素是一个人的神经系统类型特点。人的高级神经活动过程具有强度、平衡性和灵活性三个基本特征。强度是指神经系统所能承担的工作能力，强的神经系统能承受较长时间的负荷，而弱的神经系统却不能，在同样的负荷下，易发生心理障碍。平衡是指神经系统活动过程的兴奋与抑制力量对比，若是力量相当，是平衡的；若一方占优势，则是不平衡的。不平衡的易发生过度兴奋或抑制方面的障碍。灵活性是指兴奋与抑制的变换速度。变换快为灵活的，反之为不灵活的。不灵活的易发生刻板、固执等心理障碍。

对心理健康影响较大的另一个生物因素是内分泌。青春期是内分泌腺体活动加剧、激素分泌旺盛的阶段，某一种腺体活动失调会影响学生的心理活动。如甲状腺功能亢进者，神经系统兴奋性增高，易激动、紧张、烦躁、多语、失眠等。

青春期的性发育也是影响学生心理健康的一个不可忽视的生物因素。性发育给青少年带来最初的性生理和性心理的冲击。如女子的月经和男子的遗精，往往使一些缺乏性知识的青少年产生羞辱感、罪恶感、焦虑、烦恼甚至恐慌，如不正确处理还会造成将来的性心理障碍。

此外，身体疾病和营养状况也会产生不同的影响。例如：身体不适会引起焦虑，某些疾病会导致神经系统紊乱，产生心理障碍。高碳水化合物、高糖分食物的大量饮用，易引起疲劳、抑郁等。如果每天饮用较多的咖啡，则易神经系统过敏、失眠、易激惹、心悸等。

2. 家庭因素

"望子成龙，望女成凤"是天下父母的共同心愿，但是家长的期望与孩子的实际情况存在一定差距。由此产生两种心理压力：一种人怕自己的学习成绩和表现不符合家长的要求会挨责备而产生心理压力；另一种较懂事的孩子则怕辜负了父母的一片苦心，心理压力更大。

笔者在2012年专门考察了家庭经济状况对学生心理健康的影响，结果表明，来自农村和城镇出现心理健康问题的学生远远高于来自城市的学生。由于农村、城镇与城市之间在很大程度上存在经济条件和贫富水平的差异。因此，它表明经济条件越差，学生的心理健康水平越低。来自农村的贫困生往往是全村人的骄傲，他们以往的经历使他们相信只有靠自己的努力才能脱离农村，改变家庭贫困的现状。所以，贫困生更容易对自己要求完美，设置的目标更容易脱离实际，很多贫困生刚刚入大学就开始承受就业的压力。因为他们比经济条件好的学生更担心将来找不到工作，进而陷入到为四年后的事情而担心的旋涡中。

3. 学校的因素

大学和高中相比在课程设置上有很大差别，专业课多，专业性较强，许多大学生难以适应这一转变，感到压力很大。学习上，一方面要求学生重基础和专业课的学习，另一方面要求他们及时跟上时代步伐，学习新知识，强调动手能力，迎接社会的就业压力和挑战。同时，大学生之间竞争激烈，存在严重的社会比较。另外，一些不合理的教育措施也严重影响学生的身心健康。

4. 社会因素

当今社会对人才的要求越来越高，大学生面临巨大的生存挑战，从入校到毕业前，有一种潜在的危机感，社会上激烈的职业竞争，致使大学生产生了较大的心理压力。社会的变化、生活节奏、社会风气等也是影响青年学生心理健康的不可忽视的因素。纷纷扰扰的生活和并不轻松的学习压力，一些同学在吃、穿、用方面相互攀比，客观上给有些来自偏远地区、城市父母下岗、父母离异家庭的学生增加思想负担，使他们在生活上感到压力，心理失衡。

随着社会竞争意识增强，生活节奏加快，学生心理压力也逐渐加大。现在很多大学生对就业十分茫然，成绩优秀的学生往往担心因各种人为因素的影响，不能如愿；没有关系、成绩又差的学生就更不用说了。这部分人感到难以适应未来世界的变化，而产生心理危机和心理不适应。

☺ 心域行走

一 送给大学生朋友的心灵大礼包

1. 一本书《登天的感觉》

《登天的感觉》是岳晓东博士在哈佛大学做心理咨询的一本咨询案例集。他精选了 10 个在哈佛大学期间做的、较有代表性的咨询案例，来告诉读者有关心理咨询的方法及自己的工作体会。虽然这本书有些过时了，但它的确是当年引领笔者走进心理咨询的指路明灯。在读书的过程中，笔者深深地感动于那种帮助别人疏导心理，带来幸福，助人自助而拥有的登天的感觉。笔者认为，这是一本值得一读再读的心理咨询读物，因为每读一次你都可能会有不同的体会和领悟。它告诉你什么才是真正的心理咨询。

2. 两个体验活动

一个是记录"幸福日志"，每晚写下当天发生的三件好事（大事小事均可），如果愿意，还可以写下认为这些好事发生的原因。这样坚持一段时间，看看自己的生活和内心是否会有些变化？

还有就是"放慢生活的节奏"，每周选一件你平常匆忙完成的事情（比如吃饭、洗澡、走路去上课），刻意放慢时间和节奏，用放松和享受的心情去做。完成以后，把它写下来，包括与以前的做法有什么不同，跟以前相比你有什么不同的感受等。

3. 几个可以帮助你的地方

首先是学校里的心理咨询中心。现在很多高校都有这个机构，可以免费接受同学们的心理咨询，当你有什么内心的困惑，千万要记得这个地方。曾经有同学对我讲，老师，我好后悔上大学的时候没有多做几次心理咨询，因为心理咨询真的帮我很多，更重要的是毕业后才发现再也没有免费进行心理咨询的机会了，而且，外面的收费都好高啊！

其次是北京市心理援助热线。号码是8008101117，010—82951332（手机用户、分机用户），这条热线是北京市第一条心理援助热线，于2010年6月在回龙观医院开通，这条热线免费向公众提供各种心理问题帮助。援助热线为处于心理危机状态的个人提供有效的心理支持、咨询和干预服务；迅速降低来电者的自杀风险。

最后是北京师范大学心理学院心理咨询中心，联系电话是010—58809004，是北京师范大学专门面向社会人员设立的心理咨询机构。咨询师主要为北京师范大学心理学院的专业人员，机构正规，收费合理。与此类似的还有北京大学心理治疗与咨询中心，预约电话是010—62759011。

第二章　谁有我更炫

——自我意识

传说古希腊出现了一个怪兽，人面狮身，叫作斯芬克斯。她守在路旁，要求经过的人都要回答一个问题："什么东西早晨用四条腿、中午用两条腿、晚上用三条腿走路？"如果回答不上来，就会被她吃掉。许多人猜不出来，被她杀死了。最后，一个叫俄狄浦斯的人说出了答案，那就是：人。

这就是传说中的斯芬克斯之谜。

人是什么，这是一个永久的命题。从我们呱呱坠地，就睁开一双眼睛观察我们周围的世界。但唯有我们自己，才是真正的斯芬克斯之谜。

"人啊，认识你自己！"古希腊德尔菲神庙上的警励之声犹在，让人们陷入了一次次的思考……

你认识你自己吗？你了解你自己吗？你接纳你自己吗？

第一节　了解我自己

☺ 心理之窗

翻开儿时的相册，你能看到小小的你吗？那时的你是什么样子？圆圆的脸颊，胖乎乎的小手，你的眼睛是不是睁得大大的，在好奇地看着你？想想看，你还认识他吗？

让自己坐得舒服一些，慢慢地陷入沉思，直到你能清晰地感觉到自己的呼吸。这时，想想，你刚来到这个世界上时，你是多么的弱小，但是你的哭声却是那么有力！

　　小小的你在迅速地成长，直到有一天，你可以手脚并用地爬到你喜欢去的那个地方。那是一种怎样的兴奋啊，从此，你可以主动地观察这个世界。也许，从那时起你的心里就种下了一颗远行的种子，总有一天，你要背起行囊，为自己的梦想远航。

　　然后，想象你试着迈开人生的第一步，想象你粉红色的小嘴里发出你的第一个音符……一切都是那么自然，又是这么的不可思议！

　　你喜欢你想象中的这个小孩吗？

　　他是怎样一步一步地走到今天，你能感觉到他的勇敢和坚强吗？

　　现在请你回到现实中来，想想自己。现在的你和那个可爱的小孩有着怎样的关系？你哪里还有着他的痕迹，而在哪里，你又变得和他不再相同？

一　什么是自我

　　自我，又称自我意识、自我概念，具体地说，就是自己对自身的认识和对周围环境的认识，是自己对自己存在的觉察。主要包括以下三个方面的内容：

　　1. 生理自我

　　还记得吗，什么时候你从镜子里看到一张淘气的鬼脸儿，什么时候你开始注意到自己的身体开始"拔节儿"？记忆里有没有一个小姑娘整天抱怨着"哎呀，我怎么一点也不苗条呢？"……这些都是我们对于自己身高、体重、身材、容貌等体像和性别方面的认识，以及我们对身体的痛苦、饥饿、疲倦等感觉的认识。这种我们对自己生理状态的认识就构成了生理自我。

　　2. 心理自我

　　你知道自己的爱好吗，你了解自己的性格吗，你有没有在一个"月黑风高"的夜晚向自己的铁哥们儿展示自己的"凌云壮志"的经历？其实，我们每个人都有对自己的爱好、兴趣、性格、气质、知识、能力、情绪和理想的认识，这些对自己心理状态的认识就是心理自我。

　　3. 社会自我

　　在你的小圈子里，你是"任务"的发起者还是执行者，在你的班级里，你处在什么样的位置？我们每天的活动都在我们熟悉的社会环境里进行，这些我们对自己和周围环境关系的认识就是社会自我。它

31

包括我们对自己在一定社会关系中的地位、作用以及自己和他人关系的认识。

二　自我意识的结构

1. 从形式上来看

表 2—1　　　　　　　　　　　　自我意识的结构

	自我认识	自我体验	自我调节
生理自我	对自己身体、外貌、衣着、风度、所有物的认识	漂亮、有吸引力、迷人、自我悦纳	追求外表、满足欲望
心理自我	对自己智力、性格、气质、兴趣方面的认识	有能力、聪明、迟钝、感情丰富	注意行为符合社会规范、要求智力与能力的发展
社会自我	对自己名望、角色、性别、义务的认识	自尊、自信、自爱、自卑、自怜、自恋	追求名誉、与人竞争、争取得到他人的好感

自我意识分为自我认识、自我体验和自我调节，从表格中我们可以发现：

自我认识是我们感觉自己、观察自己和分析自己的结果，比如我是一个什么样的人，我有什么样的能力，我在班里处在一个什么样的位置。

自我体验是和我们的情绪有关的，你对自己的外表满意吗，对于今天你在活动中的表现，你感到得意吗？这些都是我们的自我体验。

自我调节是我们根据自己和周围环境的变化所做出的心理的、行为的和态度的调整。新的学期开始了，海辉觉得自己的发型"实在太没有创意"了，于是下定决心"改头换面、从头做起"，这就是一个自我调节的过程。

2. 从自我观念来看

意识可分为现实自我、镜中自我、理想自我，现实自我就是个体从自己的立场出发对自己当前总体实际状况的基本看法。镜中自我又称他人自我，是指个体想象自己在他人心目中的形象或他人对自己的基本看法。理想自我则是指个体想要达到的比较完美的形象。

小丁来自农村，因家境不佳，所以以优异的成绩"屈就"某大学，这使他从上大学的第一天就有一种比其他学校的大学生差的感觉，他从内心深处希望改变这种现实。在大学四年的学习中，他一方面努力完成学业，另一方面也为生计奔波，在别人眼里他始终是个坚强而有头脑的人。而他却不这么认为，他觉得这只是自己一种无奈的选择。平常的他可以与周围的每个人融洽相处，加上他的阅历较多，所以总会有新奇的事说给他人听，让人感觉似乎他是个很开朗的人。但他说这不是真实的他，他不敢与人谈家，谈学校，谈那份奔波的辛苦，因为这些都是他心底最隐秘的东西，是他感到极度自卑的地方，想改变却又是徒劳的，他认为这个自卑的"我"才是真正的"我"，而那个外在的"我"不过是个假象而已，从来也不曾存在过。

如果以小丁为例，那么他的自我意识分别是：

现实自我：自卑，懦弱，胆小

镜中自我：勇敢，独立，坚强，勤奋，充满魅力

理想自我：家境优越，名牌大学，优秀

三　自我意识的功能

1. 保持个体内在一致性

个体行为的稳定性和一致性的关键是个体怎样认识自己。通过维持内在的一致性，自我意识实际上在引导着个体的行为。所以，自我意识对人的发展来说具有目标导向的作用。不同的自我评价也许会把我们的人生带到不同的方向。一个一直就觉得自己非常优秀的人，也许会把自己带入更高的人生成就中。

2. 解释经验

某种经验对个体的意义是由其自我意识决定的。不同的个体对相同的经验有不同的解释。拥有什么样的心理经验，有时候不在于经验本身，而是个体对经验的解释，不同的自我意识决定了对经验解释的差异性。同样是优秀学生竞选失败，自我意识积极的同学会觉得这很正常，只要继续努力，以后还会有机会的，而一个自我意识消极的同学会将这个看成是人生的失败，进而失去生活的勇气。

3. 决定期待

在不同的情境中，个体对事物的期待、对自己行为的解释与自我期待均取决于个体的自我意识。

☺ 心域行走

一 看看生理自我

想想看，你能接受自己吗，你对自己满意吗？对于青春期的你，你了解吗？认真地填写这张自我卡片，看看我们是什么样子。

表 2—2
自我卡片

性别			年龄		身高		体重	
1. 对于身高，我想说								
2. 对于体重，我想说								
3. 进入青春期，我的身体发生了变化……								
4. 对于身体上的变化，我感觉……								
5. 对着镜子，我看到了自己的头发……								
6. 我的眼睛是什么样子的？								
7. 我的皮肤怎么样？								
8. 今天，我穿了件喜欢的外套……								
9. 总的来说，我觉得自己……								

二 了解心理自我

你能感觉到你是一个什么样的人吗，现在就开始，请你把想到的写下来。15 分钟哦，写得越多越好。

我是一个＿＿＿＿＿＿＿＿＿＿＿＿＿＿＿＿＿的人；

我是一个＿＿＿＿＿＿＿＿＿＿＿＿＿＿＿＿＿的人；

我是一个＿＿＿＿＿＿＿＿＿＿＿＿＿＿＿＿＿的人；

我是一个＿＿＿＿＿＿＿＿＿＿＿＿＿＿＿＿＿的人；

我是一个＿＿＿＿＿＿＿＿＿＿＿＿＿＿＿＿＿的人；

我是一个＿＿＿＿＿＿＿＿＿＿＿＿＿＿＿＿＿的人；

我是一个＿＿＿＿＿＿＿＿＿＿＿＿＿＿＿＿＿的人；

我是一个＿＿＿＿＿＿＿＿＿＿＿＿＿＿＿＿＿的人；

我是一个＿＿＿＿＿＿＿＿＿＿＿＿＿＿＿＿＿的人；

我是一个＿＿＿＿＿＿＿＿＿＿＿＿＿＿＿＿＿＿的人；

我是一个＿＿＿＿＿＿＿＿＿＿＿＿＿＿＿＿＿＿的人；

我是一个＿＿＿＿＿＿＿＿＿＿＿＿＿＿＿＿＿＿的人；

我是一个＿＿＿＿＿＿＿＿＿＿＿＿＿＿＿＿＿＿的人；

我是一个＿＿＿＿＿＿＿＿＿＿＿＿＿＿＿＿＿＿的人；

我是一个＿＿＿＿＿＿＿＿＿＿＿＿＿＿＿＿＿＿的人；

我是一个＿＿＿＿＿＿＿＿＿＿＿＿＿＿＿＿＿＿的人；

我是一个＿＿＿＿＿＿＿＿＿＿＿＿＿＿＿＿＿＿的人；

我是一个＿＿＿＿＿＿＿＿＿＿＿＿＿＿＿＿＿＿的人；

我是一个＿＿＿＿＿＿＿＿＿＿＿＿＿＿＿＿＿＿的人；

……

在上面的描述中，我发现很关心自己的体貌和健康，因为我这样说，我是一个（如长得帅的、强壮的）＿＿＿＿＿＿＿＿＿＿＿

＿＿＿＿＿＿＿＿＿＿＿＿＿＿＿＿＿＿＿＿＿＿＿＿＿＿＿＿

＿＿＿＿＿＿＿＿＿＿＿的人；我也很关心自己的心理状态，因为我说我是一个（如开朗的、乐观的）＿＿＿＿＿＿＿＿＿＿＿

＿＿＿＿＿＿＿＿＿＿＿的人呢；我还发现了自己的兴趣，如我写道，我是一个（如爱读书、说相声）＿＿＿＿＿＿＿＿＿＿＿

＿＿＿＿＿＿＿＿＿＿＿＿＿＿＿＿＿＿＿＿＿＿＿＿＿＿＿＿

＿＿＿＿＿＿＿＿＿＿＿的人；同时，我能认识到自己的优点，我是一个＿＿＿＿＿＿＿＿＿＿＿＿＿＿＿＿＿＿＿＿＿＿＿

＿＿＿＿＿＿＿＿＿＿＿＿＿＿＿＿＿＿＿＿＿的人，当然，我也有缺点，那就是＿＿＿＿＿＿＿＿＿＿＿＿＿＿＿＿＿＿＿＿

＿＿＿＿＿＿＿＿＿＿＿＿＿＿＿＿＿＿＿＿＿＿＿＿＿＿＿。

通过描述，我更加深刻地认识了自己。我感受到＿＿＿＿＿＿＿

＿＿＿＿＿＿＿＿＿＿＿＿＿＿＿＿＿＿＿＿＿＿＿＿＿＿＿＿

＿＿＿＿＿＿＿＿＿＿＿＿＿＿。我是这样的了解自己、爱惜自己。我也要接受自己，因为，现在我实实在在地感觉到，我是属于我自己的。

三 了解社会中的我

通过反思，我已经知道自己是一个什么样的人，别人是怎样看待我的呢，他们眼里的我和我所想的一样吗？下面，让我们拿起手中的纸和笔，问问周围的人。

表2—3

	您对我印象最深的一件事是什么？	您觉得我的优点是什么？	你觉得我的缺点是什么？	总的来看，您这样评价我
爸爸				
妈妈				
爷爷				
姥姥				
叔叔				
姑姑				
朋友 A				
朋友 B				
老师 A				
老师 B				
同学 A				
同学 B				
邻居 A				
邻居 B				

有时候，我们会发现在别人的眼里，自己变得很陌生。我们总是以为"我就是这个样子的"，然而在别人眼里，却和我们自己想的正好相反。看到别人眼里的自己会让我们成长得更快。在别人眼里我们会发现自己不知道的小毛病或发现自己的优点和特长，对于这些我们都可以接纳和吸收，尽量改掉小毛病，让自己的优点熠熠闪光。

☺ 超级测试

自我和谐量表

通过本节的学习，我们对自己已经有了深入的了解，最后，通过下面这一份量表，来看看我们心中的"自我"是不是和谐的。

现在，让我们平静地接近自己的感受，按我们所想的选出最符合自己的选项。1 = 完全不符；2 = 不太符合；3 = 你不能确定；4 = 比较符合；5 = 完全符合。

1. 我周围的人往往觉得我对自己的看法有些矛盾（　）

2. 有时我会对自己在某方面的表现不满意（　）

3. 遇到困难时，我总是首先分析造成困难的原因（　）

4. 我很难恰当表达我对别人的情感反应（　）

5. 我对很多事情都有自己的看法，但我并不要求别人也跟我一样（　）

6. 我一旦形成对某事物的看法，就不会再改变这种认识（　）

7. 我经常对自己的行为不满意（　）

8. 尽管有时得做一些不愿意的事情，但我基本上是按自己的意愿办事的（　）

9. 一件事，好是好，不好是不好，没有什么可含糊的（　）

10. 如果在某件事上不顺利，我往往就会怀疑自己的能力（　）

11. 我至少有几个知心朋友（　）

12. 我觉得我所做的很多事情都是不该做的（　）

13. 不论别人怎么说，我的观点绝不改变（　）

14. 别人常常会误解我对他们的好意（　）

15. 很多情况下我不得不对自己的能力表示怀疑（　）

16. 我朋友中有些是与我截然不同的人，但这并不影响我们的关系（　）

17. 与朋友交往过多容易暴露自己的隐私（　）

18. 我很了解自己对周围人的情感（　）

19. 我觉得自己目前的处境与我的要求相距太远（　）

20. 我很少去想自己所做的事是否应该（　）

21. 我所遇到的很多问题都无法自己解决（　）

22. 我很清楚自己是什么样的人（　　）

23. 我能很自如地表达我所要表达的意思（　　）

24. 如果有足够的证据，我也可以改变自己的观点（　　）

25. 我很少考虑自己是一个什么样的人（　　）

26. 把心里话告诉别人不仅得不到帮助，还可能招致麻烦（　　）

27. 在遇到问题时，我总觉得别人都离我远远的（　　）

28. 我觉得很难发挥出自己应有的水平（　　）

29. 我很担心自己的所作所为会引起别人的误解（　　）

30. 如果我发现自己某些方面表现不佳，总希望尽快弥补（　　）

31. 每个人都在忙自己的事，很难与他们交流（　　）

32. 我认为能力再强的人也可能遇上难题（　　）

33. 我经常感到自己是孤独无援的（　　）

34. 一旦遇到麻烦，无论怎样做都无济于事（　　）

35. 我总能清楚地了解自己的感受（　　）

计分与评分方法：

各量表的得分是将其包含项目的得分直接相加。其中1、4、7、10、12、14、15、17、19、21、23、27、28、29、31、33题显示我们自我与经验的不和谐；2、3、5、8、11、16、18、22、24、30、32、35题显示的是自我的灵活性；6、9、13、20、25、26、34题和我们自我的刻板性有关。

其中自我与经验的不和谐、自我的刻板性正向记分，即选1计1分，选2计2分，选3计3分，选4计4分，选5计5分。自我的灵活性反向计分，即选1计5分，选2计4分，选3计3分，选4计2分，选5计1分。三项的总分相加，得分越高说明自我和谐度越低，低于74分为低分组，高于103分为高分组。低分组就代表自我和谐水平高于大部分人；反之高分组代表自我和谐水平低于大部分人。

第二节　自我同一性的发展

☺ 心理之窗

什么是自我同一性呢？我们从一个"多余的小土豆"说起。

"我讨厌我自己！简直一无是处！"文文低着头，"我就是一个多余的小土豆。"窗外的天空晴朗，几只鸟儿在树梢轻快地飞舞。是什么事让她这么伤心呢？

"我反复想着以前自己做错的事情，谁以前批评我了，哪天谁和我吵架了，越想越沮丧，心情坏得一塌糊涂，我觉得自己可能得强迫症了，我好担心，怎么看自己怎么傻，傻傻地杵在那里，做一些自己并不喜欢的事，就像一只多余的小土豆！"文文今年刚走进大学的大门，还很不适应新的生活。"有时候觉得自己活得好累，都没有希望了，每天都是灰灰的，我看宿舍里的其他同学都过得很洒脱，为什么我就这么痛苦，小时候我也不是这样啊，我以前是很开朗的，甚至有点泼辣，爸妈都说我怎么小小年纪一副痛苦的样子，我也不想啊……""我很怀疑自己得了强迫症。我找了一些强迫症的书来看，越来越觉得自己是一副强迫症的样子。"

文文怎么了？她为什么会讨厌自己？她为什么觉得自己一无是处，是个"多余的小土豆"？以前发生的那么多不愉快的事情，真的有那么重要吗，要她不停地在想？

其实事情并不是她想象的那样，她只是陷入了自我同一性混乱的状态。

一　什么是自我同一性

自我同一性是心理学的一个概念，是一个叫作埃里克森的美国心理学家提出来的。他发现，在我们人生的不同阶段，都有要解决的特定问题。比如，在我们一岁以前，我们什么也不能做，需要得到别人的照顾。这时我们的主要问题是建立对照顾我们的人们的信任。在我们小小的心里，如果我们认为自己得到了良好的照顾，别人是可以相信的，我们就会建立起对别人的信任，对他们充满了希望。如果在我们啼哭的时候，没有人来照顾我们的情绪，我们就会觉得人是不可信的，也就不对别人产生较多的希望和期待。每一个特定的问题都要得到很好的解决，才能进入下一个人生的发展阶段。

在我们青春年少的时候，主要是在12—20岁之间，我们要解决的问题是什么呢？就是认识自己，认识自己和社会之间的关系，就是建立自我同一性的问题。自我同一性是一种重要的心理现象，是我们对自己同一性的主观感受，是我们发展的连续性、一致性和整合感。

我们所说的连续性，主要是我们成长的历史。从我们出生到现在，所有的日子构成了我们发展的连续性。

一致性是我们和周围环境的协调性。想想看，你了解你周围的环境吗，你知道自己在所处班级里的位置吗，你的爸爸妈妈深深地爱着你，你能清晰地感受到吗？

整合感是我们对自己和周围人们的关系和所处环境的关系达到统一的状态。其实，我们每一天都在和周围的人和事发生着多种多样的联系，你能够在与别人打交道的时候很好地认识自己吗，你能感受到自己的能力吗？当你和别人的意见不一致时，你能坦然地承认你们之间本来就有很多不同，很好地处理你们之间的关系吗？

二　自我同一性的不同类型

青春年少的我们，生理上不断地走向成熟。随着我们身体的发育，我们的心理也在经历着一场剧烈的变化。一方面，在我们的心里有一个力量强大的"我"不断地成长起来，随着时间的推移，我们不断地对自己提出要求：我要做我自己，要让世界听到我的声音。另一方面，我们的世界又有那么多的"不如意"，很少按照我们的期待去发展。

当这些对外界的期望和我们理想中"我"的生活不一样时，烦恼就会接踵而来。我们的自我同一性就是在这样一天天的幸福与烦恼中形成与发展的。而每一个人又因为自己的心理状态不同而有所差异。

自我同一性有哪些类型呢？

1. 弥散型的自我同一性

云飞是大学二年级的学生，人送外号"不入眼"。在他的生活中，每天都重复着同样的事情，上课、上网，上网、上课，不知道自己为了什么，也不知道自己将来能做什么。他从不参加集体活动，哥们儿有事一叫，就说"忙着呢"，要不然就是"这事儿我可管不了，可别叫我啊"。平日里，他对谁都一样，没有朋友，当然，也没有"敌人"，俨然一个超凡脱俗的"世外超人"。

在云飞的身上，我们可以发现弥散型的自我同一性的特征。在他们的概念里，没有形成规定的承诺，也不愿意实现自己的承诺。没有良好的责任心，不愿意承担社会的责任和义务。他们不知道自己将来做什么，没有确定的目标、价值观和打算，虽然对现状感到不满，却无力改变。他们没有很好的朋友，虽然也有人际交往，但通常是表面的、凌乱的。

2. 排他型的自我同一性

在所有人的眼里，强都是一个好孩子。小时候不哭不闹，总是一副乐呵呵的样子，人见人爱。上幼儿园了，爸爸把他送进了离家较近的幼儿园，每天接送。上小学，妈妈帮他选择了学校，然后是中学、大学。他的生活很"平静"，衣服爸妈买好了，电脑老爸给装了。老师说布置了今天的作业，他今天也做完了。他没有什么太大的烦恼，他觉得生活就是这样。

这个例子中我们可以找到排他型自我同一性的特征。他们没有太强的价值观念，也没有形成强烈的自我意识，对自己的过去和未来没有做过认真的思考 。因为他们不需要思考什么，从小他们关注的都是父母和老师的希望和要求。虽然他们没有自己的自我同一性，但他们并没有心理上的危机。

3. 延缓型的自我同一性

在我们的生活中经常见到一些人，他们总是比别人"慢半拍"，他们的自我同一性要比别人迟缓一些。对自己的明天有什么期待，将来要做什么工作，又该怎样选择自己的朋友？对于这些问题他们总是表现出无所谓，对自己的职业选择、人际关系、性别角色认同等一切持暂时性态度。但他们并不是一个"纯粹的等待者"，当一些事情刺激到他们的心理危机时，他们会缓慢地自我调整，最后确认自己的价值取向和将来的目标愿望。

4. 成就型的自我同一性

建立了成就型的自我同一性的人已经经历了一段探索，解决了同一性的危机。他们明确自己的人生价值，知道自己要选择怎样的工作，有自己为之努力的理想和追求的方向。他们可以很好地认识自己，了解自己的处境，也能很好地预知今后发展的机遇和遇到的困难。这是一种最成熟、最高级的同一性状态。

魏辉是一个拥有成就型的自我同一性的同学。他学的是国际贸易专业，但他认为自己的专业水平是有限的，因此在大学期间学习了许多计算机课程。在此基础上，他发现自己对电子商务很感兴趣。于是，他不断地关注相关的信息。等他毕业的时候，好多同学还没有找到工作，他已经在自己的小店里做了半年的经理了。

三　埃里克森的自我同一性理论

埃里克森指出自我同一性的两个极端情形。

1. 自我同一性过剩（too much of ego identity）

埃里克森称之为"狂热主义"（fanaticism）。它是指一个人过分地卷入特定团体或某种亚文化中的特定角色中而绝对地排他，坚信他的方式是唯一的方式。这些人将一些人召集于自己的周围，将自己的信念和生活方式强加于人而不考虑其他人的感受。这种"过于自我"状态，容易导致自我中心、个人崇拜、狂热主义等不良社会态度。青少年的理想主义和他们的绝对倾向（非黑即白）是普遍存在的。但如何防止这种绝对主义倾向是青少年自我同一性建立过程中应解决的问题之一。下文的丽丽就是处于这样一种"过于自我"的状态。

丽丽是一名高三女孩，一米六的个儿，瘦弱的身材显得高挑而单薄，白皙的脸庞，习惯性地眉头紧锁，总是若有所思，但又时不时地露出一丝丝的忧郁与彷徨。原来丽丽生性活泼好动，从小生活在亲人的百般呵护之下，养成了她敢想敢做、以自我为中心的性格特点。到了学校，大胆活泼为她赢得了一些愿意追随她的朋友。她们相处愉快，经常有一些"疯丫头的校园恶作剧"。然而，以自我为中心的心态使她分不清何为善意的恶作剧，何为恶意的玩笑，不懂得设身处地为他人着想。

正当她沉浸在"唯我独尊的良好心态"中时，最要好的朋友却写了一封"绝情信"，信中坦言：她早就难以忍受丽丽的很多做法，如果丽丽不能改变，那么，她将断绝这亲如姐妹的朋友关系。这对丽丽来说犹如一记当头棒喝，伤心无助的她来寻求心理老师的帮助。

2. 同一性缺乏（lack of identity）

埃里克森称之为"拒偿"（repudiation）。指一个人拒绝自己在成人社会中应担任的角色，甚至否定自己的同一性需要。一些青少年将自己融于某一群体中，尤其是那些可提供"同一性细节"的群体，如：极端崇拜组织、黩武暴力组织、复仇组织、吸毒组织等，将自己从主流社会的规范中分离出来。他们容易卷入和采取某种破坏性的行为，如暴力、吸毒、攻击。他们有自己热衷的事情，但这些事情是反社会主流文化的。下文的小梅在不三不四的小团伙中找到了自己的归属感，而且对这个团体的行为非常地服从，尽管这些行为是被禁止的，是与社会规范背道而驰的。

曹女士有一个读中学的女儿，学习成绩不好，经常和一些不三不四的人在一起，曹女士很生气。终于，一次严厉说教，使母女失和，女儿离家出走。就在曹女士极度担忧的时候，她发现出走的女儿回来了，她还没有来得及高兴，就被眼前的景象惊呆了，屋里的四名男生正在拿她家的东西。她气愤到了极点，将女儿和四名男生骂走。下午曹听到有人敲门，是自己女儿的声音，便将门打开。没想到，进来几个男生，用衣服将曹的头部蒙上一顿毒打，抢走了她手上的一枚金戒指、一件夹克衫，还有几千元人民币。案发后，曹某尽管对自己的女儿又气又恨，但在报案时仍然没向警方说出真相，只笼统地说四名孩子作案，只字没提女儿。直到今年4月，她才说出真实情况。警方经过工作，将其女儿和行抢的几个未成年人在一间租住的房子里抓获。

四　高校大学生的自我同一性

现实生活中我们大学生的自我同一性是什么样子的呢？

1. 成熟的或不成熟的自我同一性

有的同学有着成熟的自我同一性。从他们走进大学的第一天起，就知道时间已经改变，"我不再是一个不懂事的小孩子，今天我是一名大学生，明天我就是一名公司的员工"。他们能够很快地适应这种变化，学习新的专业知识，处理好和老师的关系，和大家成为朋友。但也有的同学具有不成熟的自我同一性，他们无法面对这种改变，不能接受现实，幻想回到过去，"如果是在去年，我……"他们不能接受大学的生活，不能接受现在的自己。当然，没有关系，相信他们能够在和老师、同学的相处中不断地发现自己的价值，认真地面对自己。"时间会说明一切"，是的，没错！

2. 自我认同与自我怀疑

为什么我的高考成绩不再高一点？为什么我没有机会进入更好的大学？因为我比别人笨吗？我学的这个专业，能找到工作吗，我可以学好吗……

我们中间有些同学存在自我怀疑，其实是只关注了自我或只看到了我们自己的一个方面，不然就是过分关注别人的看法，而忽视了自己的感觉。而很多时候，我们需要的仅仅是面对自己的感觉，"我觉得"才是重要的。看到自己的独特，找准自己的位置，才能有良好的自我认同和拥有自信的笑容。

3. 对未来良好的预期或无所事事

两年或三年以后，你在哪里？五年、十年以后，你在哪里？

你在飞转的机器旁边，熟练地指挥着生产；在高耸的写字楼里，做着公司的执行计划；还是在碧树成荫的大学校园里，写着你的博士论文？

有的同学清楚自己的能力和专业，知道自己将来要找什么样的工作，而有的同学则对自己的未来从不进行认真的思考，不知道自己将来要干什么，每天没有事情可做，无所事事，处于自我认同混淆的状态。为了更好地实现自我同一性，大学生要完成以下十项任务：

（1）对身体的变化和发育予以理解和信任，接纳并不完美的身体。

（2）从精神上脱离家庭或成人而自理。

（3）学习并在学习中逐渐完善作为男性或女性的性别角色。

（4）对新的人际关系的适应，包括与异性的相处。

（5）学习如何认识自我和理解自我。

（6）学习如何认识社会和对待社会。

（7）学习并确立作为社会一员所必须具备的人生观和价值观。

（8）学习并掌握作为社会一员所必须具备的知识和技能。

（9）做好选择职业和工作的准备。

（10）做好结婚和过家庭生活的准备。

☺ 心域行走

自我成长访谈

找一个你信任的人，就下面这些问题互相一个做访谈者，另外一个做回答者，然后再互换角色。也许回答的过程中会让你对自己有更多的认识和了解，这个探索将是你深刻反思自己与父母、自己与环境、自己与朋友之间关系的好机会。记得在回答的时候尽量真实。

1. 你的名字是？它的意义是什么？

2. 简单地描述当下的你。

3. 你一两岁的时候，你在哪里，跟谁一起住？

4. 你认为你的出生为你的父母带来了什么意义？

5. 告诉我你对自己一两岁时生活的了解。

6. 当你在幼年时，你最经常有的感受是什么？

7. 两到七岁时，你在哪里，与谁同住？

8. 简单地描述当时你父亲和母亲的状态。

9. 简单地描述当时对你有重大意义的人。

10. 你小时候最喜欢什么故事？告诉我故事中发生了什么事情？你最喜欢故事中的什么？

11. 小时候，当大人生气或不高兴时，你通常都会做些什么，你通常有什么感觉？

12. 你是否有时候会想起小时候发生的那些事情？请跟我说说这些事。

13. 小时候，你最喜欢父母中的哪一位？为什么？

14. 你认为你父母在你还是小孩时面临的问题是什么？

15. 小时候，你如何去面对你父母的问题？

16. 七到十二岁时，你在哪里，与谁同住？

17. 简单地描述当时的自己。

18. 你对学校及老师的感觉怎么样，是否喜欢？

19. 你入学第一年时有些什么朋友？他们都做些什么？

20. 当你父亲对你不满意时，他会说些什么及做些什么？

21. 当他对你满意时，又会说些什么及做些什么？

22. 当你母亲对你不满意时，她会说些什么及做些什么？

23. 当她对你满意时，又会说些什么及做些什么？

24. 青春期时，你在哪里，与谁同住？

25. 简单地描述青春期的你。

26. 你当时与其他男孩/女孩的关系如何？有无异性朋友？

27. 在青春期，父母对你而言意味着什么？

28. 在青春期，其他的成人对你而言意味着什么？

29. 你在青春期的人生哲学是什么？

30. 你认为你会怎样死？会在几岁死？

31. 人们会在你死后如何评价你？

32. 你最喜欢自己什么？你最讨厌自己什么？

33. 如果可以改变，你希望小时候你的母亲会有什么不同？

34. 如果可以改变，你希望父亲会有什么不一样？

35. 你还想告诉我什么？一些我尚未问及而你又认为我应该知道的以便能让我更充分了解你的事情？

☺ 超级测试

"自我认同感"量表

你可以用这一部分测验一下自己，看一看这些问题是否适用于你，根据下列标准给自己打分：

1 = 完全不适用。2 = 偶尔适用或基本不适用。

3 = 常常适用。4 = 非常适用。

1. 我不知道自己是怎样的人（　　）

2. 别人总是改变对我的看法（　　）

3. 我知道自己应该怎样生活（　　）

4. 我不能肯定某些东西是否合乎道德或是否正确（　　）

5. 大多数人对我是哪一类人的看法一致（　　）

6. 我感到自己的生活方式很适合我（　　）

7. 我的价值为他人所承认（　　）

8. 当周围没有熟人时，我感到能更自由地成为真正的我自己（　　）

9. 我感到自己生活中所做的事并不真正值得（　　）

10. 我感到我对周围的人们很适应（　　）

11. 我对自己是这样的人感到骄傲（　　）

12. 人们对我的看法与我对自己的看法差别很大（　　）

13. 我感到被忽略（　　）

14. 人们好像不接纳我（　　）

15. 我改变了自己想要从生活中得到什么的看法（　　）

16. 我不太清楚别人怎么看我（　　）

17. 我对自己的感觉改变了（　）
18. 我感到自己是为了功利的考虑而行动或做事（　）
19. 我为自己是社会的一分子感到骄傲（　）

计分与评分方法：

计分时，先把 1、2、4、8、9、12、13、14、15、16、17、18 题的回答结果转换一下（即如果选择的是 1，就打 4 分；选择 2，打 3 分；选择 3，打 2 分；选择 4，打 1 分），其他问题则保持不变。然后把 19 个问题回答的得分相加。大多数人的得分在 48—63 之间，得分明显高于该得分范围的人，表明他的自我认同感发展良好；得分明显低于该数字范围者，表明他的自我认同感还处在发展和形成阶段。

第三节　"心"的力量
——自信与自卑

☺ 心理之窗

你体察过心的力量吗？
现在，将双手交叉，食指平行竖起，尽量放松，双眼凝视着它们。
你感觉到两只食指在渐渐地靠拢吗？
没有。那么，现在，在心里想着它们在慢慢地靠近
5，4，3，2，1，是不是它们之间的距离变小了。
不错，有时候我们的期待会改变我们的行为方式，也会改变我们的生活。这就是心的力量，也是自信的力量！

一　什么是自信

我们的心灵需要自信的阳光照耀，我们需要培养自信的心理状态。那么，什么是自信呢？

当你在起跑线上弯下腰来，抬头望一眼终点，你紧抿的嘴唇是自信的；当你扬手投篮，飞速跳跃，你灵敏的身体是自信的；当你打开一张试卷，嘴角微微一扬，你内敛的笑容是自信的；当你站在那么多人面前，轻轻说着你的想法，你平静的声音是自信的……

自信就是一种发自内心的自我肯定与相信，是一种积极的人生态度。

1. 自信的人相信有能力做好力所能及的事情

对自己的实力进行客观的评价，明白哪些是"我能"的，当自己能做的事情到来时，就要当仁不让，挺身而出。

小泽征尔是世界著名的交响乐指挥家。在一次世界优秀指挥家大赛的决赛中，他按照评委会给的乐谱指挥演奏，敏锐地发现了不和谐的声音。起初，他以为是乐队演奏出了错误，就停下来重新演奏，但还是不对。他觉得是乐谱有问题。这时，在场的作曲家和评委会的权威人士坚持说乐谱绝对没有问题，是他错了。面对一大批音乐大师和权威人士，他思考再三，最后斩钉截铁地大声说："不！一定是乐谱错了！"话音刚落，评委席上的评委们立即站起来，报以热烈的掌声，祝贺他大赛夺魁。

原来，这是评委们精心设计的"圈套"，以此来检验指挥家在发现乐谱错误并遭到权威人士"否定"的情况下，能否坚持自己的正确主张。前两位参加决赛的指挥家虽然也发现了错误，但终因随声附和权威们的意见而被淘汰。小泽征尔却因充满自信而摘取了世界指挥家大赛的桂冠。

2. 自信的人也有深刻的自知之明

他们了解自己的弱点，会坦然面对自己的不足。是啊，人无完人，没有谁是万能的上帝，每个人都有自己不擅长的地方。那就坦然地接受它吧，我们要另辟蹊径，寻找实现自我价值的另一片天空。

有个小男孩头戴球帽，手拿球棒和棒球，全副武装地到自家后院。

"我是世界上最伟大的打击手"，他自信满满。把球往空中一扔，用力挥棒，但却没有打中。

他毫不气馁，又往空中一扔，大喊一声："我是最厉害的打击手。"

他再次挥棒，可惜又落空了。

他愣了半晌，仔仔细细地将球棒和棒球检查了一番。

他站了起来，又试了一次，这次他仍告诉自己："我是最杰出的打击手。"

　　然而，他第三次尝试又落空了。

　　"哇!"他突然跳了起来，"原来我是第一流的投手!"

我们不能要求自己面面俱到，让自己生活在完美主义的阴影之下。勇敢地承认自己的错误，事实仍是事实，但转变一下看问题的视角，我们就能重新树立自信，也许我们人生的另一面也就因此而展开。

二　自卑的来源

自卑感是一种不能自助和软弱的复杂情感。有自卑感的人轻视自己，认为无法赶上别人。心理学家阿德勒指出，一切人在开始生活的时候，都具有自卑感，因为儿童的生存都要完全依赖成年人。自卑的人通常都会拿自己的缺点和别人的优点相比，总是觉得自己处处不如别人，看不到自己的价值，长此以往，就会产生一种悲观厌世的情绪。因为找不到自己的价值所在，所以容易对生活失去希望，严重自卑的人甚至会有轻生的念头。自卑感是产生自我封闭心理的根源，而且是在青少年时代埋藏的祸根。是什么导致自卑呢? 如果想找一个自卑的理由，太简单了。

　　我来自农村，来到这所学校就是想通过学习将来做一番事业。可是来到学校以后，我并不高兴，总觉得自己处处不如人，心里很不是滋味。我满口的家乡话常引同学们发笑;穿着、举止动作都显得土里土气;我上中学时学校不重视体育，现在上体育课时自己的动作显得很笨拙，觉得很难堪;又没什么业余爱好和文艺才能;在宿舍聊起天来城市同学侃侃而谈，人家见多识广知道得很多，自己没见过什么世面说起话来笨嘴拙舌，常常惹得同学们哄堂大笑，自己觉得很丢脸。我有一种先天不如人的感觉，很自卑。但我又不甘心如此，于是拼命学习，想以优异的学习成绩来显示自己的才能，但有时并不学得进去，总是惶惶不可终日，学习时注意力也不集中，生怕考不好。现在我晚上很难入睡，白天又看不进去书，我该怎么办呢?

自卑的理由千万种，但并不是人人都会感到沮丧。这是为什么呢？自卑的核心在于你对自己的看法，而不是事实。我们怎样评价自己呢，往往都是根据我们已有的经验和别人的评价来得出结论的。

想想我们例子中的同学，他为什么感到自卑？就因为自己不是城里人？"不是城里人"是一个事实，因为"同学们常常哄笑"吗？也未必，同学们熟悉了，开玩笑也是正常的事情。为什么呢？原因在于"我"觉得难堪、丢脸、处处不如人。这些都是我们和别人进行比较得来的结论。

自卑感是阿德勒理论中最为人所熟知的概念之一。在早期理论中，阿德勒是把自卑感与身体缺陷联系起来的。他所探讨的是由身体缺陷所造成的自卑及其补偿的问题。他指出，如果一个人某种器官功能不足或有缺陷，就会产生自卑感。后来，阿德勒将自卑感的范围加以扩大，提出社会自卑、心理自卑。如一个出身低微的人可能会因此而产生社会自卑。不过，更具普遍性的是心理自卑概念。这一概念可以适用于任何一个人。因为任何个体出生后在很长一段时间中，都处于无力、无能和无知状态。整个婴幼儿时期完全依赖成人才能生存。在阿德勒看来，自卑感不是变态的象征，而是完全正常的，正是它的存在才促使人寻求补偿。自卑感是人格发展的动力。每个人都有不同程度的自卑感，因此心理上的自卑是每个人要面对的基本处境。自卑会造成紧张，人们因而要努力摆脱这种处境。每个人都会做出这种努力。只是对于不同的人来说，其摆脱之径和方式可能不同罢了。

三　如何接纳不完美的自己

每个人都是不完美的，每个人身上都有自己不愿意触碰的一面——缺点、不足以及阴暗面，亲人朋友不愿意接受，连我们自己也无法面对。阴暗面也是生命的一部分，只有真心拥抱它，我们才能活出完整的生命。那怎样才能接纳不完美的自己呢？

1. 建立普遍人性感

我们会不会经常有这样的感觉，当自己难过的时候，觉得世界上的其他人似乎都过得非常好，他们好像不像自己有这么多的苦恼。因而觉得自己是那么的与众不同，与周围格格不入，似乎只有自己是那个最可怜的人。这个时候我们需要建立一种普遍的人性感，即感受到我们与他人之间在生命体验上的契合和一致，而不是被自己的痛苦和不足所孤立和隔离。也就是说痛苦和不足也是人的共性，每个人都有自己的烦恼，这种普遍感会让深处痛苦中的人降低焦虑。一个学生曾经被心理老师建议到精神卫生机构进行进一步的心理治疗，结果这个学生却神奇地好了很多，原因就是他去了所谓的"精神病院"后，发现原来这个世界上心理痛苦的人这么多，而且痛苦的程度远远高于自己。这样的发现倒让他可以更加乐观积极地看待自己的问题了。

其实，大多数人并没有留意到自己和其他人的共有之处，尤其是当羞耻感和不胜任感肆虐的时候。在失败的时候，人们不是把自己的不完美与共有的人类体验联系起来，反而更倾向于感到与周围世界的孤立和隔离。

2. 停止批评，学会自我友善

自我友善意味着停止对自我的不断批评，不再贬低大多数人都认为很正常的内心评论。意味着我们可以被自己的痛苦所打动，不再指责。人比较奇怪的是经常善待别人，而苛求自己。比如同样是考试没有考好，如果是同学朋友，就会给予很多的安慰和理解，觉得这没有什么，再努力就是。但如果是自己，就会不断地责备自己，并趁此机会告诉自己是多么的差劲，对自己只有愤怒和鄙视，不会看到考试不好的自己其实更加辛苦和不容易，更需要支持和鼓励。

所以需要记住当我们跌倒的时候，不要无情地摧残自己。每个人都有搞砸的时候，我们需要的是善待自己。只有向自己传递出了温暖、友爱和同情的和平之举，真正的治愈才可能发生。

3. 停止社会比较

社会比较是个体就自己的信念、态度、意见等与其他人的信念、态度、意见做比较。社会比较最让人伤神的后果之一就是与成功人士之间的距离让我们难过不已。一个月薪5000元的人如果并不知道跟自己同等资历的同事拿多少，也许会工作得非常愉快和满足，但是一旦知道同事差不多的工作强度和相似的资历，却每个月比自己多拿1000元，心里的感受就会发生翻天覆地的变化，一种强烈的心理不平衡感就会产生，甚至会有离职的想法。这就是社会比较的后果。

在社会比较的过程中，适当的背景因素是不可缺少的，因为，只有当有关的背景因素相当时，比较出来的结果才有意义。然而，人们出于自尊往往会选择背景不同的人做比较，以得出合乎己意而有偏差的结论。也就是有些人总喜欢跟比自己强的人比较，甚至拿自己的缺点比别人的优点。

正所谓"人比人，气死人"，人和人之间永远没有可比性。不同的出身、不同的经历、不同的教育背景、不同的性格都会造就不同的人生。所以，和别人比较是没有意义的，只有和自己比较才是最有价值的，你的今天比昨天强，就证明你进步了。只要你离自己的目标越来越近，就说明你是成功的。

4. 打破"完美主义"错觉

完美主义是达成或实现个人目标的强迫需要，强调绝不允许理想落空。完美主义者的最大特点是追求完美，而这种欲望是建立在认为事事都不满意、不完美的基础之上的，因而他们就陷入了深深的矛盾之中。要知道世上本就无十全十美的东西，完美主义者却具有一股与生俱来的冲动，他们将这股精力投注到那些与他们生活息息相关的事情上面，努力去改善它们。完美主义者体验着极大的压抑、焦虑，一旦不如意，对他们则是毁灭性的打击。

其实，不完美同样让成长与学习成为可能。因为不完美生命才有可能。《寻找丢失的一角》这个漫画故事也许大家都看过，故事是从一个圆圈缺了一角开始的。他缺了一角，很不快乐，于是就踏上了寻找那丢失的一角的路程。他要忍受日晒和大雨。有时候，冰雪把他冻僵了，接着太阳又出来替他暖身。他因为缺了一角，不能滚得很快，所以也会停下来跟小虫说说话，或者闻闻花香。有时候他超甲虫的车，有时候甲虫超他的车。最愉快的就是蝴蝶停在他身上共同旅行的时刻。有一天他终于发现了自己缺少的东西。"很合适，合适极了，总算找到了，总算找到了!"因为不再缺少什么，所以越滚越快，从来没有滚过这么快。快得停不下来，不能跟小虫说说话，也不能闻闻花香。快得蝴蝶不能在他身上落脚。但是他想他可以唱他的快乐歌。他总算可以这样唱："我找到了我失落的一角。"他开口唱了，可是因为没有了缺口，他再也不能唱歌了。终于他明白了，不完美也挺好，他停了下来，轻轻地把一角放下，从容地走开了。

结合这个故事好好思考自己的生活吧？你所追求的、认为是必须改变的、必须得到的那些东西，真是你生活的必需品吗？

☺ **超级测试**

下面是一个测试，让我们来看看自己是不是有足够的自信。请你根据自己最近的情况作答，如果没有经历过这样的情况，就设想一下当这种情况发生时，你会怎么做。答案没有对错，也没有好与坏，它只是帮我们认识自己、调整状态，以更加积极的心态开始我们的学习和生活。

你觉得下面的叙述是否符合你的情况？1＝是，2＝否，在括号里面直接填选择的数字即可。

1. 一旦你下了决心，即使没有人赞同，你仍然会坚持做到底吗？（　　）

2. 参加晚宴时，即使很想上洗手间，你也会忍着直到宴会结束吗？（　　）

3. 如果想买性感内衣，你会尽量邮购，而不亲自到店里去吗？（　　）

4. 你认为你是个绝佳的情人吗？（　　）

5. 如果店员的服务态度不好，你会告诉他们经理吗？（　　）

6. 你不常欣赏自己的照片吗？（　　）

7. 别人批评你，你会觉得难过吗？（　　）

8. 你很少对人说出你真正的意见吗？（　　）

9. 对别人的赞美，你持怀疑的态度吗？（　　）

10. 你总是觉得自己比别人差吗？（　　）

11. 你对自己的外表满意吗？（　　）

12. 你认为自己的能力比别人强吗？（　　）

13. 在聚会上，只有你一个人穿得不正式，你会感到不自然吗？（　　）

14. 你是个受欢迎的人吗？（　　）

15. 你认为自己很有魅力吗？（　　）

16. 你有幽默感吗？（　　）

17. 目前的工作是你的专长吗？（　　）

18. 你懂得搭配衣服吗？（　　）

19. 危急时，你很冷静吗？（　　）

20. 你与别人合作无间吗？（　　）

21. 你认为自己只是个寻常人吗？（　　）

22. 你经常希望自己长得像某某人吗？（　　）

23. 你经常羡慕别人的成就吗？（　　）

24. 你会为了不使他难过，而放弃自己喜欢做的事吗？（　　）

25. 你会为了讨好别人而打扮吗？（　　）

26. 你勉强自己做许多不愿意做的事吗？（　　）

27. 你任由他人来支配你的生活吗？（　　）

28. 你认为你的优点比缺点多吗？（　　）

29. 你经常跟人说抱歉吗？即使在不是你有错的情况下。（　　）

30. 如果在非故意的情况下伤了别人的心，你会难过吗？（　　）

31. 你希望自己具备更多的才能和天赋吗？（　　）

32. 你经常听取别人的意见吗？（　　）

33. 在聚会上，你经常等别人先跟你打招呼吗？（　　）

34. 你每天照镜子超过三次吗？（　　）

35. 你的个性很强吗？（　　）

36. 你是个优秀的领导者吗？（　　）

37. 你的记性很好吗？（　　）

38. 你对异性有吸引力吗？（　　）

39. 你懂得理财吗？（　　）

40. 买衣服前，你通常先听取别人的意见吗？（　　）

计分与评分方法：

第 1、4、5、11、12、14、15、16、17、18、19、20、34、35、36、37、38、39 题选"是"得 1 分，选"否"得 0 分。

第 2、3、6、7、8、9、10、13、21、22、23、24、25、26、27、28、29、30、31、32、33、40 题选"否"得 1 分，"是"得 0 分。

将所有题目得分加在一起，计算你的总分。

分数为 25—40：说明你对自己信心十足，明白自己的优点，同时也清楚自己的缺点。不过，在此警告你一声：如果你的得分将近 40 的话，别人可能会认为你很自大狂傲，甚至气焰太胜。你不妨在别人面前谦虚一点，这样人缘才会好。

分数为 12—24：说明你对自己颇有自信，但是你仍或多或少缺乏安全感，对自己产生怀疑。你不妨提醒自己，在优点和长处各方面并不输人，特别强调自己的才能和成就。

　　分数为 11 分以下：说明你对自己显然不太有信心。你过于谦虚和自我压抑，因此经常受人支配。从现在起，尽量不要去想自己的弱点，多用好的一面去衡量；先学会看重自己，别人才会真正看重你。

第三章　心与心的碰撞

——人际关系

于晨有一个充满阳光的名字，可是他的心里并没有充满阳光。

于晨是班里的"独行侠"，他总是独来独往，看上去酷酷的，其实他的心里很苦闷。

在家的时候，于晨觉得和爸爸妈妈没有什么共同语言，懒得说话；在学校，于晨也不知道该和谁交往，他喜欢一个人待着，又忍不住感到一阵阵寂寞和空虚。

于晨的表情很少有大的变化，他从来不会像其他男孩子一样，拍着桌子大笑，或者做个鬼脸来逗逗同桌。

于晨仿佛就是在他的城堡里生活着，城门紧闭，外面的人只觉得神秘，深不可测。

现在让我们自己设想一下，在我们的生命里，如果只有我们一个人，是不是感到自己像于晨一样，孤零零生活在一个小岛上，在肆虐的海潮和风雨中独自承受着孤独？但当我们敞开心扉，张开双臂和周围的人交往的时候，是不是感到自己刹那间充满了活力？

第一节　人际交往中的应对姿态

☺ *心理之窗*

老师，想问您一件事情。为什么我的好朋友们总是有事才找我，没事想不起来我，我常常用自己的时间去帮他们做事情，但是自己有事情的时候又找不到他们！我常常很生气，但是下次又会义无反顾地去帮他们。真不知道自己什么时候能从这样的轮回中跳出来。

这是一个同学们经常向我抱怨的事情，就是感觉到人际交往中的不平等和委屈，其实每个人在人际交往中都有不同的应对姿态，下面我们介绍一下人际交往中的几种应对姿态。

一　萨提亚的冰山理论

维琴尼亚·萨提亚（Virginia Satir）是美国最具影响力的首席心理治疗大师一位女士的名字。萨提亚的冰山理论，实际上是一个隐喻，它指一个人的"自我"就像一座冰山一样，我们能看到的只是表面很小的一部分——行为，而更大一部分的内在世界却藏在更深层次，不为人所见，恰如冰山。能够被外界看到的行为表现或应对方式，只是露在水面上很小的一部分，大约只有八分之一露出水面，另外的八分之七藏在水底。而暗涌在水面之下更大的山体，则是长期压抑并被我们忽略的"内在"。揭开冰山的秘密，我们会看到生命中的渴望、期待、观点和感受，看到真正的自我。

（一）冰山的各个层面

1. 行为——应对模式（行动、故事内容）。

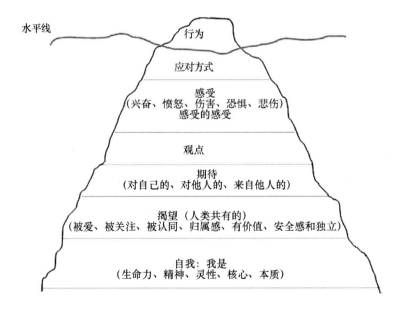

2. 应对方式——应对姿态。下文会详细地介绍这个部分。

3. 对感受的感受——自我价值感受。主要是指喜悦、兴奋、着迷、愤怒、伤害、恐惧、忧伤、悲伤等感受及对于这些感受的决定和态度。

4. 观点——信念，假设，主观现实，思考，想法，价值观（信念、假设、预设立场、主观现实、认知）。

5. 期待——对自己、对别人的期待，来自他人对自己的期待。

6. 渴望——包括爱、接纳、归属、创造性、连结、自由等。渴望是人类共有的，也就是人们都有被爱、被认可、被接纳等渴望。

7. 自我：我是谁——主要指人的灵性、灵魂和生命能量，是一个人的精髓跟核心，体现了人根本的存在状态。

一般来说，我们看见的都只是冰山一角，那就是外在行为的呈现，但在下面蕴藏着情绪、感受、期待、渴望等。往往我们在与人沟通时，并没有去体会和察觉沟通下面的冰山。有时甚至连自己对自己冰山下面的东西也没有觉察。

（二）冰山层面的示例分析

　　　　我想我是一只走失的大雁，
　　　　那些雁群已经飞得离我越来越远，
　　　　尽管我一直在努力地追逐，拼命地改变自己，
　　　　还是没有人喜欢我，没有人会想起我的存在。
　　　　我总是一个人在玩儿，
　　　　玩一些无聊的游戏，每天吃麦当劳和方便面，
　　　　有时候看着窗外发呆，
　　　　我想说话，可是没有人听，
　　　　所以我有时候失语，有时候又喃喃自语，
　　　　我知道这里没有人跟我说话，所以天天戴着个大大的耳机听别人唱歌，
　　　　像魂一样在人群里钻着，像油一样在水面上飘着，
　　　　这样的生活让我很悲哀，让我对自己很失望，真的很失望！
　　　　有时候我会对着树上的鸟大叫一声，
　　　　然后看它们叽叽喳喳、惊恐地飞走，
　　　　有时候我会踩着铁轨，摇摇摆摆地走。

有时候我会骑自行车去爬山，摔得七荤八素，

有时候我会到健身房去折腾那些器械，我很想把它们统统搞坏、拉断、扭弯，

可是每次都是它们把我折磨得精疲力竭。

当然我也会跑到湖边，坐在那里瞎想

不过很少，因为这时候我常常会伤心……

这是一个孤独的同学写下的一段文字，通过这段文字，我们需要看看他的内在发生了什么，我们用"冰山"比喻他的内在：他的感受是什么？他有怎样的期待和渴望？他对于自己的观点和态度是什么？下面的例子就是对这个同学内在冰山的一个简单注释：

1. 行为—— 一个人玩。

2. 应对方式—— 讨好（后面会讲）。

3. 感受及对感受的感受：孤独、伤心、悲哀、失望。

4. 观点——没有人喜欢我，我是一个不被认可的人。

5. 期待——有人可以陪伴自己，一起说话。

6. 渴望——渴望被爱，渴望被接纳。

7. 自己：我是一只孤雁，脆弱而自卑。

当我们这样透过行为，一层层地去了解一个人的时候，是不是更加深入而全面呢？是不是更加准确了呢？所以冰山理论让我们学会了探索人的内在，尊重人的感受和渴望，而不仅仅是看外在的行为，每个行为的背后都有很多的故事和原因，也许你的同学或朋友看起来对人冷漠，不爱与人交流，但不代表他（她）不需要朋友，这是因为害怕拒绝，害怕受到伤害。

二　人际交往中的应对姿态

"还要不要再点点菜，你吃饱了吗？"如果面对的是我的男朋友，我会回答："当然了，我还没吃饱呢，我还想吃羊肉串呢！"如果问我这话的人是我的同事，我会说："我吃饱了，看你吧，如果你想吃就再点。"如果是我的领导，当他问我这句话时，我会直接说，"谢谢领导关心，我已经吃饱了，今天的菜很好吃！"

对于这同一个问题，对不同的人我们的回答会截然不同。虽然回

答不一样，但我觉得是合适的，至少这样的交谈和互动，在当时都很愉快。我们会发现上面的例子在我们平时的生活和人际交往中随处可见。

我们在不同情况下，对不同的人，即使是面对同一个问题，我们也会有不一样的应对方式和姿态。这些可以用萨提亚提出的应对姿态理论进行解释。萨提亚是著名的心理治疗师和家庭治疗师，在萨提亚理论中有一个重要概念就是应对姿态。应对姿态也叫生存姿态，是我们每个人内心为寻求生存所呈现出来的一种外在行为。

（一）五种沟通姿态

萨提亚女士在治疗模式的实践中根据人在他人、自己和情景三个维度上的处理方式不同，将其分为五种姿态。

1. 指责型

只关注自己而忽略了他人和情景。在日常生活中指责型的人常会在行为上对他人进行指责、斥喝、批判，并且时常愤怒，以自我为中心，不顾他人感受。在某些情况下指责会让我们感觉良好，不压抑自己的情绪，爽快地表达自我。在上面例子中，我对男朋友的应对姿态就是典型的指责型，在他面前我是骄傲的、自我的，毫不隐晦自己的想法和情感。

2. 讨好型

只关注他人和情景而忽略了自己。当我们感到自己的生存受到威胁的时候，当我们想要获得认可的时候，讨好是主要的反应方式之一。讨好他人时，会对交往中的人和情境予以充分的尊重，但却毫不在意自己的真实感受。当我们讨好别人时，即便自己感觉不好，也会对别人和颜悦色。在某些情况下，讨好的姿态对我们是有利的。人们也往往会不自觉地采取这种姿态，尤其是在上级和权威面前。

3. 超理智型

只关注情景，忽略了他人和自己。超理智的沟通模式漠视自己和他人的价值。表现超理智意味着仅仅关注环境背景，并且通常仅限于数据和逻辑水平。当人们与我们交谈时，我们滔滔不绝地发表看似绝对正确的意见，显得明智而善辩。这种姿态的显著特征就是保持非人性的客观。以这种方式行动时，我们既不允许自己，也不允许其他人关注自己的感受。它同样反映出一个社会准则：成熟意味着不去触碰、不去审视、不去感受，也不去抒发我们的情绪感受。在需要我们冷静处理和解决问题的时候这种应对姿态是适应的，也是我们在某些情况下应有的一种姿态。

4. 打岔型

把他人、自己和情景都忽视了。对打岔者来说，自我、他人以及他们互动的环境背景都不具任何价值。处于打岔姿态的人们似乎一刻也不能保持静止。他们企图将别人的注意力从正在讨论的话题上引开。打岔者不断变换想法，并且希望在同一时间做无数的事。他们的打岔行为常常是不稳定和无目的的。打岔者相信只要他们能够将注意力从任何有压力的话题上转移开，就可以生存下去。不难发现，对于打岔姿态我们并不少用，当我们避免难堪时转移话题，当我们面临困难时换一个角度和方式看问题，当我们面对压力时转移注意力，这些行为都是在打岔。

5. 一致型

同时考虑了他人、自己、情景三种因素，是萨提亚女士倡导和推崇的，是我们人在生活中想要成功、快乐和幸福所要具备的最佳形态，一致型的人在生活中身心一致、言行一致，充满活力和生命力，且自信、能干、勇于担负责任，富有创造力。在个人情感和言语中真诚地表达做自己的感受与想法，内心充满自信，真诚地接纳自己与他人，脚踏实地地专注于每一件事，懂得欣赏自己、肯定自己。

（二）对不同沟通姿态的建议

我们每个人在不知不觉中都有过以上五种姿态，并且根深蒂固。每种姿态在不同的情境下对不同的人都有一定的意义，我们在一生中不可能总是用一种姿态与人交往。讨好型虽然很容易注意不到自己，一面倒地去关心他人，但是这种"关心"的种子不就是我们从小学习，而且希望植入我们的体内，希望它发芽长大的吗？我们通常会在急切希望得到认可和肯定的权威，也就是上级、领导面前用这种姿态与人交往。指责型虽然都把手指指向他人，但在某一种程度上是一种自我肯定，是一种自信的种子。自我肯定也是我们生存过程中一颗非常重要的种子。超理智型的人，内在有理智的种子，理智在我们生活中也不可少。一致型是我们人际交往在各种情境中都能适应的姿态，他同时考虑到了他人、自己和情境。但是我们每个人又有一种或是两种常用的姿态。下面有几句话送给不同应对姿态的同学们：

1. 指责型：平息呼吸，用好奇和关心看看和你沟通的人有什么样的观点、感受和期望。

2. 讨好型：关注自己的感受，倾听自己内在的声音，拿出勇气说出自己的真实感受。

3. 超理智型：首先需要练习的是和自己的感受接触，再练习如何关注到别人的感受。

4. 打岔型：从关注情境开始，学会观察当前所在的情境。

☺ 心域行走 .

一　沟通姿态演练

给自己找个搭档，两两一组，演示以下几种姿态：A和B同时面向对方做出指责姿势，保持5秒；A和B同时面向对方做出讨好姿势，保持5秒；A和B同时面向对方做出超理智姿势，保持5秒；A指责B讨好，保持5秒；A讨好B指责，保持5秒。

最后小组讨论下面两个问题：

1. 你扮演不同姿势时的感受、发现？

2. 当别人以不同姿势面向你时的感受、发现？

二　案例讨论

一对在大学相恋四年的恋人，在毕业前夕面临种种选择。他们都是非北京生源的学生，女孩已在北京找到一份稳定的工作。男孩则获得了一个去香港发展的机会，因为对未来的不确定性，他向她提出了分手，男生说："我要去香港工作了，我们还是分手吧。"

·女生1：你怎么总是自我为中心，不考虑我的感受，四年的感情这么轻易放弃，对我公平吗？你太绝情了！

·女生2：事到如此，看来我不值得你为我留下，一直以来我都认为你很优秀。

·女生3：这对你而言真的是个不错的选择，从农村走出来到能去香港发展是一个很好的飞跃。如果好好干，可能还有出国发展的机会……

·女友4：对了，上次逛街的时候你说喜欢那条领带，我觉得确实不错，这个周末我们去买吧……

·女友5：我知道你是一个很有上进心的男生，这也是我欣赏你的原因。你这次去香港发展我很支持，机会难得要好好把握。可是你这么断然提出分手，我很意外、很难过。我们一起度过了大学最美好的时光，这份经历我永远不会忘记，我相信我们俩对这份感情都是认真的，我还想和你有未来，地域的阻隔可能会有一定的影响，可我们再努力尝试一下，一起规划我们的未来，你说好吗？

然后思考：

1. 你更喜欢哪种表达？为什么？

2. 每一种表达方式分别代表了哪种应对姿态？

☺ 超级测试

人际关系综合诊断量表

这是一份人际关系行为困扰的诊断量表，共28个问题，每个问题做"是"（打√）或"非"（打×）两种回答。请你根据自己的实际情况如实回答，答案并没有对错之分：

1. 关于自己的烦恼有口难言（　　）

2. 和生人见面感觉不自然（　　）

3. 过分地羡慕和妒忌别人（　　）

4. 与异性交往太少（　　）

5. 对连续不断的会谈感到困难（　　）

6. 在社交场合，感到紧张（　　）

7. 时常伤害别人（　　）

8. 与异性来往感觉不自然（　　）

9. 与一大群朋友在一起，常感到孤寂或失落（　　）

10. 极易受窘（　　）

11. 与别人不能和睦相处（　　）

12. 不知道与异性相处如何行之有效适可而止（　　）

13. 当熟悉的人对自己倾诉他的生平遭遇以求同情时，自己常感到

不自在（　　）

14. 担心别人对自己有什么坏印象（　　）

15. 总是尽力使别人赏识自己（　　）

16. 暗自思慕异性（　　）

17. 时常避免表达自己的感受（　　）

18. 对自己的仪表（容貌）缺乏信心（　　）

19. 讨厌某人或被某人所讨厌（　　）

20. 瞧不起异性（　　）

21. 不能专注地倾听（　　）

22. 自己的烦恼无人可申诉（　　）

23. 受别人排斥与冷漠（　　）

24. 被异性瞧不起（　　）

25. 不能广泛地听取各种意见、看法（　　）

26. 自己常因受伤害而暗自伤心（　　）

27. 常被别人谈论、愚弄（　　）

28. 与异性交往不知如何更好地相处（　　）

计分与评分方法：

本测试打"√"的给1分，打"×"的给0分，最后将所有题目得分相加，算出总分。

如果你得到的总分是0—8分，那么说明你在与朋友相处上的困扰较少。你善于交谈，性格比较开朗，主动，喜欢关心别人，你对周围的朋友都比较好，与他们相处得不错。而且，你能够从与朋友相处中得到许多乐趣。一句话，你不存在或较少存在交友方面的困扰。

如果你得到的总分是9—14分之间，那么，你与朋友相处存在一定程度的困扰。你的人缘很一般，换句话说，你和朋友的关系并不牢固，时好时坏，经常处在一种起伏波动之中。

如果你得到的总分是15—20分之间，那就表明你在同朋友相处上的行为困扰较为严重，分数超过20分，则表明你的人际关系行为困扰程度很严重，而且在心理上有较为明显的障碍。你可能不善于交谈，也可能是一个性格孤僻的人，不开朗，或者有明显的自高自大、讨人嫌的行为。

第二节　人际交往中的原则

☺ 心理之窗

一　人际交往的基本原则

（一）3A 法则

美国学者布吉林教授等人提出了这个 3A 法则，其基本含义是：在人际交往中要成为受欢迎的人就必须善于向交往对象表达善良、尊重、友善之意。具体内容是

1. 接受对方（Accept）

2. 重视对方（Appreciate）

3. 赞美对方（Admire）

（二）人际交往的四大吸引法则

1. 接近性吸引

指生活中经常相互接近，互相熟悉，能增进彼此间了解，轻易产生相互吸引作用的一种人际吸引现象。它取决于接触的频度和精神上的共鸣两种因素。接近性吸引是一个前提，并不是日久就一定会生情。心理机制是社交欲望与自我表达欲望的满足。

小琴是学校某个社团的骨干，社团的活动非常多，经常是里里外外地跑，今天开会，明天外出，很少有时间和舍友待在一起，结果一个学期下来，慢慢发现自己跟宿舍的同学关系越来越疏远了，不能和她们一起吃饭，一起聊天，一起逛街，舍友聊的话题自己也插不进去，感觉舍友现在基本都不怎么搭理自己了，小琴非常郁闷。特别是最近一个舍友生日，宿舍的同学一起庆祝，搞得很热闹，可是居然没有人告诉小琴，小琴伤心极了，她不知道该怎么办？

谁都知道，人的感情是一点点培养起来的，而小琴和同学没有接近和熟悉的机会，当然就不会有人际关系的改进了，所以如果想拥有朋友，还是要付出一些时间和精力的。

2. 相似性吸引

指人际交往双方以态度、信念和价值的相似为主的一种人际吸引方

式。人生观、价值观和世界观等的相似使两个人更容易有相同的话题，即相似的知识底蕴和理解程度。心理机制是相似性越高，认同彼此越容易。

小红的寝室里有 6 个人，开始的时候有三个人总是一起活动，她们都是班干部，隔壁寝室的一个同学也老找她们三个玩，因为那个人是班长。而自己什么都不是，所以她们聊的话题小红也不是很感兴趣，另外的两个同学是天天逃课在宿舍里看电影、上网，小红不想那么颓废，所以跟她们也玩不到一起，小红该怎么办？每天一个人出出进进，也觉得挺孤单的。

寝室小团体或班级小团体非常常见，这些小团体大多是根据某种相似性结合到一起的非正式群体，比如有相同的经济背景或者共同的个人爱好等，这些小团伙体现的就是一种相似性吸引，很难避免。对于这样的小团体，无法加入的同学也不要焦虑，保持冷静的心态非常重要，特别是不要把这个团体定义为排挤你的团体，试着尝试改变自己的想法，把眼光着重放到他们的其他方面上，尝试着慢慢沟通，过一段时间后看看是否有所改变。

3. 仪表性吸引

指在一定程度上反映个人内心世界的服饰、发型、神态等仪表在人际关系中起作用的人际吸引方式。比如一个面容姣好的人就更容易散发对异性的吸引力，更容易得到帮助和认可，在某种程度上我们都是"外貌协会"的。

某重点高校计算机专业的小李，前段时间除了发愁工作没着落外，还被另外一件事困扰着，满脸的青春痘让她羞于见人，现在令她最担心的不是毕业后的生计问题，而是天气变暖，脸上的粉刺又会像往年一样感染发炎、发脓。其实，以小李的专业，又是名牌大学生，找工作不成问题，而且每次投完简历后，很快就会接到用人单位的面试电话，但是每次都是乘兴而去，败兴而归。归结其原因，无外乎是小李满脸的"青春美丽痘"，无法令用人单位满意。而且因为痘痘她开始慢慢逃避同学，不愿意见人，变得没有自信，觉得自己是那么的丑，丑到不会有朋友，不会有爱情，不会有工作，小李内心极端沮丧。

确实我们生下来就无法选择鼻梁、眼睛、酒窝，无法选择身高和皮肤，但是好看的绝不仅仅是脸蛋和身材。有时候直视对方的眼神，干净的牙齿，让人轻松的微笑，简单自然又与自身气质相符的服饰，聪慧的内心和宽容的善良，都是美的部分，好看也是可以由心而来的，常言道面由心生，只要我们内心充满自信和希望，勇敢地把自己展示给这个世界，肯定会越来越美。

4. 报偿性吸引

指人际交往过程中双方能满足各自的需要，达到各自的目的，以此作为保持吸引力并使吸引力增强的一种人际吸引方式。人际交往具有交换的性质，这种性质往往被一些人说成是功利、虚伪，因而贬低人和人之间的真诚。但这不一定是人际关系中值得诟病的因素。

二　如何摆脱孤独

孤独，是指一种经常独处或者受到孤立，很少与人接触而产生的孤单和无助的心理体验。对于大学生来说，孤独也是一种较为普遍的心理现象。随着自我意识的逐渐成熟，大学生有时需要暂时的独处来回味过去的言行，自我反省，确定未来的生活道路，同时，也可以从暂时的孤独中寻找到快乐，享受这份心灵的宁静，因而适当的孤独是有益的。但如果长期沉溺于孤独，也会带来诸多负面的影响。

（一）如何克服孤独

孤独感的产生主要源于个人的感觉和评价。如果要克服孤独带来的危害，我们应从以下方面着手：

1. 开放自我，多与外界交流

独自生活并不意味着与世隔绝，虽然客观上与外界交流存在困难，但依然可以通过某种方式达到交流的目的。要主动亲近他人，关心别人，真诚相待，因为交往是个互动的过程。

2. 培养广泛的兴趣、爱好

一个人活着只要有所爱、有追求，就不怕会寂寞，也不会感到孤独。我们可以为自己安排丰富多彩的业余生活，享受生活带来的乐趣。

3. 大胆交往，不怕挫折

善于在交往中、挫折中总结经验，吸取教训，改进方法，增强交往能力。

（二）如何让自己成为受欢迎的人

克服了内心的这种孤独感，我们也慢慢变得合群起来，可是怎样才能使我们更受欢迎呢？

1. 我们内心要充满自信

无论是交朋友还是与人打交道，自信的人都能带给人们一种积极健康的力量，更多的人愿意聚集在这种人周围。

2. 学会用温和的目光看人

估计大多数人都会有这样的体会，当你考试成绩不理想的时候，你是愿意跟爸爸还是愿意跟妈妈倾诉？我想大多数人都会选择后者，因为妈妈的目光总是温和的。温和的目光会给人亲切感，尤其是在跟陌生人打交道时，牢记这一点可让你占有主动权在第一时间获得信任。

3. 记得保持微笑

人们常说，微笑是世界上最好的语言。的确，微笑的感染力是非常强的，它能化解人们心中的愁苦，还能使敌对双方握手言和……总之，与微笑相伴的是友好、善良和阳光。试试吧，当你冲一个陌生人微笑时，你得到的将是一个同样的微笑和问候，这一点都不难。

4. 一定要记得先开口打招呼

你之所以不敢先开口，很大的原因可能是你准备不足。不妨事先多多提示自己，一旦迎面遇见同学，你就先打声招呼。经过一段时间的锻炼，慢慢别人就会对你有个新的认识，不久的将来，你就会成为下一个最受欢迎的人！

☺ 心域行走

一 秘密天使

"秘密天使"是一个非常好玩的小游戏，可以增强同学之间的亲密感，在同学们之间建立起一座友谊的桥梁。活动在班里、寝室里都可以进行，几个经常交往的朋友圈里也可以。

具体做法是发给每位参与的同学一张卡片，请大家在卡片上填上自己的姓名、联系方式和个性签名，还可贴上自己的照片。填好以后，收集到一起，放在盒子里，然后让每位同学抽取一张卡片。

接下来在一学期（几周、几个月）的时间里，抽卡片者就成为被抽卡片者的"秘密天使"。秘密天使要暗中为自己要关怀的对象服务，关心、帮助他/她，让他/她感到开心和幸福。秘密天使的身份务必要保密，不能暴露身份。

活动结束后，大家聚在一起分享，揭开答案公布秘密天使的身份及相互呵护的对象，同时了解彼此的感受和体会。最后，讨论下面几个问题：

1. 在本活动中，你最大的收获是什么？

2. 在做秘密天使的过程中，让你印象深刻的一件事是什么？

3. 你猜出谁是你的秘密天使了吗？在被关爱的过程中，有哪些记忆让你特别感动？

二　真诚赞美

美国哲学家杜威认为：人类天性中最深刻的冲动就是"被认可"。本活动通过赞美的方式，帮助大学生学会观察他人的优点，直接表达对他人的欣赏，增强人际之间的良性互动，感受到赞美在人际交往中的重要性，提升大学生赞美他人的能力。同时，该活动还可以培养大学生接受赞美时的积极心态，如，学会接受他人的欣赏、体验被表扬的愉悦感、增强自信心等。具体做法如下：

1. 四位同学一组，一位同学坐在中央，其他三位同学依次说出他/她的优点。每位同学都有一次坐在中央接受赞美的机会。

2. 对待其他同学的赞美，被称赞的同学要表示真诚的感谢，并说出哪些优点是自己以前觉察的，哪些是不知道的。

注意赞美活动中只能说优点，不可冷嘲热讽。态度要真诚，不能毫无根据地吹捧，这样反而会伤害别人。

最后讨论下面两个问题：

（1）你在赞美他人或接受他人的赞美时，最深的感受是什么？

（2）在赞美他人的过程中有哪些技巧，需要注意些什么？

☺ 超级测试

UCLA 孤独感自评量表

随着现代化社会的发展和生活节奏的加快，人与人之间交往越来肤浅，人与人之间的物理距离在缩短，而人与人之间的心理距离却在拉大，导致个体间情感的疏离和淡化，因而现代人对"孤独"的感受也在加深。研究表明，孤独和许多消极情绪相联系，孤独会给人带来种种消极的体验，如：沮丧、无助、抑郁、烦躁、自卑、绝望等，因此孤独对人的健康有很大的危害。现在来测一下你自己的孤独感如何？

指导语：下面有20条文字，请仔细阅读每一条，把意思弄明白，然后根据你最近一个星期的实际感觉，在四种情况中选择一种，填在（ ）。A＝从不，B＝很少，C＝有时，D＝一直。

1. 你常感到与周围人的关系和谐吗？（ ）
2. 你常感到缺少伙伴吗？（ ）
3. 你常感到没人可以信赖吗？（ ）
4. 你常感到寂寞吗？（ ）
5. 你常感到属于朋友们中的一员吗？（ ）
6. 你常感到与周围的人有许多共同点吗？（ ）
7. 你常感到与任何人都不亲密了吗？（ ）
8. 你常感到你的兴趣与想法与周围的人不一样吗？（ ）
9. 你常感到想要与人来往、结交朋友吗？（ ）
10. 你常感到与人亲近吗？（ ）
11. 你常感到被人冷落吗？（ ）
12. 你常感到你与别人来往毫无意义吗？（ ）
13. 你常感到没有人很了解你吗？（ ）
14. 你常感到与别人隔开了吗？（ ）
15. 你常感到当你愿意时就能找到伙伴吗？（ ）
16. 你常感到有人真正了解你吗？（ ）
17. 你常感到羞怯吗？（ ）
18. 你常感到有人围着你但并不关心你吗？（ ）
19. 你常感到有人愿意与你交谈吗？（ ）
20. 你常感到有人值得你信赖吗？（ ）

计分与评分方法：

得分统计方法：A＝1，B＝2，C＝3，D＝4，其中1，5，6，9，10，15，16，19，20为反序计分也就是A＝4，B＝3，C＝2，D＝1，最后把所得分数加起来，按照得分统计方法计算出自己的总分。

总分在 44 分以上：说明个体高度孤独；总分在 39—44：说明个体一般偏上孤独；总分在 33—39：中间水平的孤独；总分在 28—33：说明个体一般偏下孤独；总分在 28 分以下：低度孤独，即孤独感很低。

第三节 大学生人际冲突的来源及应对

☺ 心理之窗

现代家庭中独生子女越来越多，在家中独生子女都是家长心中的"宝贝"，做什么都会被迁就，养成了他们自私的个性，做事喜欢"以自我为中心，以个人利益为半径画一个圆"。然而，到了学校，在和其他同学相处的过程中，不会再有别人的迁就，自己也不会去迁就别人，矛盾自然就发生了。不过，连火星都会有撞地球的时候呢，更何况身处校园，一大帮男生女生凑在一起，难免会有磕碰，因此，本节将和同学们讨论冲突以及如何化解冲突的问题。

一 冲突的三种来源

认识冲突、了解冲突是化解冲突的前提。若想化解冲突，就没有对与错，只有得与失。冲突或许是人与人的不同差异，或许是需要成长的开始，人际交往的过程中，冲突是很常见的。

1. 由独特性导致的冲突

人生而不同，每个人都有自己独特的部分，比如性别差异，因为文化、家庭背景、期望值等造成的性格差异。这种独特性会给人们之间的交往带来一些障碍，进而导致冲突。大学生时期更是充满个性和差异的，一群充满个性的人在一起，矛盾和冲突就不可避免。

小 A 是一个不爱凑热闹的同学，平时不太与同学交流，几乎没什么人到宿舍来找他。他喜欢早睡早起，作息时间比较有规律。但是，小 B 却不怎么爱读书，在校的大部分时间以玩电脑游戏为主，而且他经常玩游戏到深夜才睡，或者打游戏和队友配合叫得比较大声。有时还熄灯后看手机小说看到深夜，第二天早上睡到 11 点多才起床。小 B 的性格比较外向，很多同学来串门找他。小 C 是一个学习能手，尤其在理科方面，稍微学一下就能融会贯通。平时也贪玩，生活较随意。偶尔与 B 一起打游戏，或者看 B 玩游戏。偶尔 C 会打开自己的台灯，看一些畅销书，同样也比较晚睡觉。由于 A 和 B、C 的作息时间存在很大差异，所以他们心里都觉得对方影响了自己的休息，因为这事他们之间一直存在着矛盾，时间久了，因为 B、C 过于吵闹，A 的情绪开始变得有点暴躁，警告了 B、C。最后，他们之间的冲突虽然没有爆发，但是，他们经常私底下指责对方。A 指责 B 玩游戏玩得太晚，而且在玩游戏的同时还特别兴奋地发出声音，因此影响到他的休息。但是，A 每天早上太早起床，马上就打开电脑，以至于每天早上都把 B 吵醒。

由上述案例可知，B、C 和 A 由于作息时间存在很大的差异，而且他们互相不体谅。这就是典型的因为独特性导致的冲突。孔子曰：君子和而不同，小人同而不和。也就是说真正善于交往的君子是可以超越人和人之间的差异而联系在一起的。

针对这种类型的冲突，同学们首先应该学会理解和尊重，即理解那是别人的个性，尊重别人与自己的不同。可惜人们通常无法战胜以自我为中心的思维模式，总喜欢用自己的标准去要求别人，经常说"要是我就不会这样"。

其次，就是要多和人沟通。很多时候起了冲突，同学们都喜欢把冲突藏在心里压抑，不到压抑不住的时候不会表现出来，很多极端的伤害事件都是因此而导致的。如果我们及时沟通，互相多一些理解，冲突就会改善。

记得我上大学时，有一次班里的同学坐在一起开会。我坐在四组，一个同学和我坐在一组。因为没戴眼镜，所以当他向我借东西时，他重复了三遍，我都没有看到。后来那个同学好久都没有理我，我很纳闷。最后还是决定和他谈谈，原来他一直认为我是故意的，其实我是根本没有看到，沟通之后我们互相理解了对方，冲突也就不存在了。

沟通是人在社会上生存与发展最大最迫切的需要所在。人们要想有所作为，学会沟通是基本条件。当今世界，新型人才最主要的特点在于是否具备沟通能力。有效的沟通已关系到人们社会适应、社会交往、家庭生活及职业发展等问题。

2. 由缺点导致的冲突

每个人都不是完美的，缺点是个人需要成长的地方，比如杂乱、健忘、自卑等。这些缺点的存在不仅给自己带来影响，也会影响周围的人，因而造成冲突。

> 他总是穿着很朴素的蓝布上衣和洗得发白的黑裤。那是极不入时的打扮。在他鼻子周围总是流着淡黄色浓稠的液体，嘴边常挂着大小不等的颗粒物，头发看上去像是专为鸟儿准备的栖身之地，衣服裤子上更是常常有污渍。他的抽屉永远像老鼠光顾过似的混乱不堪，且散发出一股奇怪的味道。尽管我多次提醒，他还是我行我素，还常常学疯马的样子，一手提着肩上的马夹，一手扬在空中，嘿嘿一笑，然后肆意地躺在床铺上毫不觉得不干净。因为他的邋遢让我们的宿舍混乱不堪，味道怪异，特别是我喜欢干净整洁的宿舍，对他我简直是无语了。

这是一个同学描述自己的一个很邋遢的同学的样子。这种邋遢严重破坏了他们之间的关系，大家都会对这个同学有意见也是理所当然的。但是一方面有缺点的人不一定可以改掉，特别是已经根深蒂固、习以为常的缺点，不会因为别人的一次警告、一次劝说就可以改正的。我们需要包容有缺点的人。

另外，有时候我们觉得是对方的缺点导致了冲突，也许是一种错觉。不论什么冲突，任何一方都不应该被认为是错误的，否则，就无法化解冲突，只会让冲突升级。一般来讲，冲突的起因绝对不止一个，而是当局者迷，旁观者清。冲突中每一方都把其他人看作和自己完全对立的，并且对自己充满了敌意，甚至对调节和和解的机会视而不见。他们只能看到自己愿意看到的，只乐意接受与自己预定的目标比较接近的解释。他们用双重标准来看待冲突，例如，同样的方式，自己做出来的总认为是"美味"，别人做出来的却是"毒药"：我提供帮助，你多管闲事；我坚持自己的看法，你冥顽不化；我很有说服力，你咄咄逼人……这是造成不断出现冲突的原因。

最后，如何提醒一个有缺点的人身上需要改进的地方，是需要一定的技巧和方法的，本书后面将有相应的介绍。

3. 由道德良心导致的冲突

这是一种根本性的冲突，它会大大破坏人和人之间的信任。比如说谎、欺骗、支配他人等。道德良心导致的冲突修复起来非常困难，它带来的破坏非常大，让人们无法做朋友，甚至成为敌人。

> 最近李雪的心里很不舒服。她和晓梅交往也有三年了，一直认为彼此之间友谊深厚。即使偶尔有个小争执，任性地互不理睬，但是很快也就过去了。可李雪没想到的是，晓梅竟然在她的朋友面前造谣栽赃诽谤李雪，并怂恿她的朋友半夜打电话发短信来辱骂李雪。李雪感到很痛苦，事情过去了一个多月，李雪似乎因此产生了社交障碍，不再相信友谊的存在，对周围的人充满了怀疑。无论和谁交往，哪怕对方一句很简单的话，李雪都要反复琢磨，非常累！

这个冲突是不是比前面的冲突更加严重呢？这种背叛所导致的冲突就是一种道德良心上的冲突。对于这种冲突，首先要学会保护自己，所谓的防人之心不可无，必须学会区分哪些人是真正的朋友，哪些人是虚情假意。尽量在充分了解对方的基础上再投入感情，不要在还不了解的时候就一股脑儿地毫无保留。

其次，要树立合理的人际期待，不要希望跟所有的人成为朋友。学会能放开那个让你伤心的朋友，去和别人聊聊天，玩玩。一边被这个人伤害，一边还深陷其中而无法自拔，只会让自己受伤更重。在如今的社会里，人际关系很重要，但在处理人际关系时一定要做到："我自轻盈，我自香，随性而遇。不奢望，不强求，不必要者，无所谓！"

二 大学生寝室交往常见的冲突

1. 懒惰

大学生的生活多数是集体生活，寝室是一个公共场所，需要很多人一起共同完成一些事情。但有些同学就因为懒惰或者在家里很少干活等原因，不愿意承担这些任务。比如很多寝室都会因为宿舍值日搞卫生的事情闹矛盾。当有人因为懒惰而不参与卫生的打扫时，矛盾就会产生。更不可原谅的是某个人不保持个人卫生而影响到整个宿舍的卫生。还有宿舍的饮水问题在刚入学的学生里显得尤其突出。许多同宿舍的人，因为懒惰不去打水，并饮用别人打来的水。或许对没有打水的人来说，这是一件相当小的事情，可是对于打水的人来说，就不是理所当然的事情。这样的行为如果演变成习惯，也会引发冲突。

2. 学习

别看学习在很多大学生的嘴里来说，都是及格就 OK。可是事实上，成绩对多数大学生来说还是很看重的。当宿舍里出现某一个学习相当好的成员时，其他的人都会表现出羡慕和嫉妒，甚至不满，甚至会出现众人同时孤立此人的情况。一个好学上进、天天坐在第一排、经常跟老师讨论问题的学生，却很容易被大家所质疑和鄙视。他们觉得这些好好学习的人是为了讨好女朋友或者是男朋友，讨好老师，拿奖学金，因而慢慢疏远他，这就造就了一个个看起来孤独而怪异的学霸。其实人各有志，好好学习的人才是有追求的人。不幸的是，在当代的大学校园里，"学霸"似乎变得越来越接近贬义了。

3. 性格

宿舍本身就是一个混合体，不同的人，性格不同，个性不同。大家对同一件事情的态度和看法也会不同，而且又是血气方刚的小青年，谁都不会主动认为自己是错的。另外，有些同学因为性格大大咧咧，说话做事不注意别人感受，无意中伤害了别的同学，如果恰好受伤害的同学是"闷葫芦"，不及时沟通，矛盾就逐渐积累起来，一旦有一个导火线，就引发更大的矛盾发生了。因此，性格的不同就会产生矛盾。这类矛盾在宿舍是最难解决的。只要对方互相看错了眼，再怎么调解都白搭。

4. 恋爱

最尴尬的事情就是恋爱问题了，尤其是两个人同时喜欢上一个人的时候。这种情况是最易产生矛盾。往往参与者都不会听任何人的劝告，只会认死理儿，认为是兄弟抢了自己喜欢的女生，或者是闺蜜抢了自己心爱的男生。解决的办法只有一个，那就是找到他们喜欢的那个对象，问清楚对方的真实想法，然后回来告诉参与者双方。让他们要么全死心，要么某一个人死心。

5. 习惯

说到习惯，比如个人的喜好、个人的卫生、个人的讲话方式、个人的处事方式等都是其中的一部分。有些人喜欢这样，有人喜欢那样。因此，当同时参与某件事的时候，矛盾就会产生。宿舍里最易产生矛盾的因素也就在这里。当然，这就得看宿舍长如何安排了。此类矛盾最佳的解决办法就是不让习惯上有冲突的两个人参与同一件事。

6. 贫富

有人富，就有人穷。当然了，穷或者富，都是父母给的，我们不能选择。即使你很富，那也不是你个人的能力所致，根本没有必要炫耀。当然了，穷孩子也没必要自卑。你有钱，我有才，大家彼此都有闪光的地方。当大家彼此发现对方都有值得肯定的地方的时候，贫富差距就会自然消失。

三　解决冲突的步骤

（一）准备阶段

1. 冷静下来，避免情绪化

人的情绪往往只需要几秒钟、几分钟就可以平息下来。但如果不良情绪不能及时转移，就会更加强烈。调动理智控制自己的情绪，使自己冷静下来。在遇到较强的情绪刺激时应强迫自己冷静下来，迅速分析一下事情的前因后果，再采取表达情绪或消除冲动的"缓兵之计"，尽量使自己不陷入冲动鲁莽、简单轻率的被动局面。比如，当你被别人无聊地讽刺、嘲笑时，如果你顿显暴怒，反唇相讥，则很可能引起双方争执不下，怒火越烧越旺，自然于事无补。但如果此时你能提醒自己冷静一下，采取理智的对策，如用沉默为武器表示抗议，或只用寥寥数语正面表明自己已受到伤害，对方反而会感到尴尬。

相反，如果带着情绪去解决冲突，不但无法解决冲突，还会导致冲突升级。因为自己的情绪会激化了对方的情绪，当自己的情绪遇上对方的情绪，沟通是不可能的了，只会进入强烈的情绪发泄和互相攻击的状态。所以在解决冲突之前千万要让自己做到心平气和。

2. 避免"冷战"

所谓"冷战"，必定是二人及以上，一个人是冷战不起来的。冷战双方通常都在怄气，都觉得自己有道理，这就涉及一些平时沟通上的问题了，如果你想避免此状况，那么首先要保证自己不挑起冷战，就是再生气也要讲道理，争取解决问题。其次对方不理你，可以不马上去找对方，而是选一个合适的时间主动放低姿态和对方好好谈谈心，把你的真实想法说出来，切记，目的是解决问题不是发泄情绪，几次之后，对方也会了解你对出现问题的处理方法，自然也就不和你冷战了。

冷战需要一方提前站出来结束冷战，结束的方法很简单，可以叫对方帮你个小忙，自然轻松地和对方发起交谈，或者一起吃饭逛街啥的，记住，不管你们之间有多大的误会，有多么大的深仇大恨，都不要把这种战争继续下去，这样对你和对方包括这段关系会产生致命的破坏力。所以，千万别把冷战当作一种长期持续的战役，必须要主动结束冷战，不要让其蔓延。

3. 尽量往好的方面想

冲突的时候，我们往往更容易看到对方比较消极的方面，比如这个人很自私、飞扬跋扈、吝啬小气，很难看到对方积极的方面。要学会往好的方面想，比如一个好朋友突然不理你了，她一定是讨厌你吗？也许是她自己心情不好，不想见人呢！冲突的时候，如果我们被指责了，我们通常也会觉得很委屈，就是认为自己不像对方说的那样坏。反过来，当我们指责别人的时候，别人也是这样的感觉。一位做了多年心理咨询工作的人说，自己工作这么多年最大的收获就是看人的时候越发觉得每个人其实都挺可爱的，这种对人积极而又宽容的心态，在遇到冲突的时候非常有价值。

4. 选择合适的时间和地点

要提前了解自己和对方都方便的时间，尽量给彼此留够充足的交流时间，不要匆匆几句话就结束。另外，在地点的选择上，尽量安静。经常看到一些同学在体育场里、校园里或者马路边争吵，这些嘈杂的环境不但不利于理性、冷静地进行沟通，还会扰乱双方的情绪，容易烦躁和失控。

5. 直接与对方解决问题

遇到冲突的时候，我们总会有逃避的做法，尽量减少与对方的接触。这个时候就很容易让其他人介入这段关系。比如明明是和寝室的人闹矛盾，却把男友拉进来，由男友出面和对方沟通，结果误会却越来越深。

其实，直接告诉某个人他有口臭比绕圈子的效果更好，通常更容易为对方所接受。也许开口的时候有些困难，但长远来说直接的交流方式更有助于感情的维持。很多有经验的人告诉我们说，当双方可以就他们认为好和不好的方面进行直接沟通的时候，感情往往能够维持得更加牢固和持久。我们不一定非要用一种刻薄的方式来指出别人的问题，完全可以采用比较容易让人接受的方式，关键问题在于你如何表达。

（二）解决冲突

1. 肯定关系的重要

（1）即最终的目的是想与对方继续保持良好的关系。

（2）不是指责对方，更不是攻击对方。

2. 解决受伤的情感

（1）为自己做错的地方向对方道歉。

（2）原谅对方，无论对方道歉与否。

3. 解决问题

（1）持敞开、接纳、谦虚的态度，提澄清性的问题。

（2）不要带着你已经知道全部事情的态度进入谈话。

（3）不要假定对方知道你在想什么，清楚地表达自己是你自己的事情。

（4）即使你觉得自己找到了冲突的根源，你也可能是错的。

4. 避免事后行动

（1）已经解决就不再提起。

（2）如果对方不愿意解决冲突，你只能为自己能控制的事情负责任。

四　勇敢地说"不"

在大家的印象里，刘远不是那种很能闹腾的孩子，他的成绩在班里还过得去，平时也挺守纪律的，可是这一次，他却被学校给予警告处分。原来在这次期中考试中，他和班里另外一个同学传递答案的时候被监考老师发现了。刘远很难过，其实他是不想作弊的。就在那几个同学请他"帮忙"的时候，他也犹豫了，可是他最终不敢说出那个"不"字。

在日常生活中，有许多时候，别人向我们求助，而我们又无能为力，或者别人向我们提出无理要求，我们想说"不"，却迫于某种压力而说不出口，最终说了"行"。我们常常想：说"不"是不是不给人面子，会让对方受伤害；说"不"显得不够意思，对方会因此而不喜欢我；说"不"会伤感情……我们很多人都会碰到这样的问题，通常会被搞得很头疼，要想避免这一现象，我们就需要学会拒绝的技巧。

1. 该说"不"时就说"不"

拒绝是每个人的权利。对他人说"不"并不等于无情无义，不关心人，而是把自己的需求和愿望与他人的需求和愿望看得同等重要，比如当我们正忙于学习时，有人提出要我们陪他聊天，有什么理由不说"不"呢？

2. 说"不"时要慎重考虑

无论是拒绝还是接受，匆忙决定都可能会导致结果很糟。经常满口答应说"包在我身上"的人，常常会误了别人的大事，同时也坏了自己的信誉。因此，当我们拿不定主意或不知自己能否办到时，一定要给自己留有余地。

3. 聪明地说"不"

说"不"时，首先要表示对对方的请求感到荣幸并理解——"谢谢你对我的信任，我理解你的心情"，然后向对方解释自己拒绝的理由——"我今晚有安排""我确实想不出什么办法""我手头确实没有那么多钱"，等等。拒绝的言词可以委婉，但态度坚决果断，不能含糊其辞，你不必解释自己的理由，因为每人都有权说"不"。但在拒绝别人时所要把握的原则是：不要伤害他人的自尊心，让对方明白我们的拒绝是万不得已。而且一旦说了"不"就应该马上转换话题，走开或是继续正做的事情，这也在告诉对方，这件事不必再讨论了。

聪明地说"不"，不仅不会破坏人际交往，相反，会使人际关系发展得更好。

☺ *心域行走*

一　区分冲突

寻找一个离你最近发生的冲突，把这冲突写在下面的横线上：＿＿＿然后思考：1. 你记下的冲突是哪种类型？

2. 你处理冲突的方法恰当吗？

3. 如有不恰当，需要改进的地方是什么？

二　学会倾听

在人际沟通中，倾听起着重要的作用。倾听是在接纳的基础上，积极地听，认真地听，关注地听，并在倾听时适度参与。一个真正能展示自己个人魅力与气质的人应该是一个好的倾听者。

所以你接下来的任务就是找一个机会和同学聊天，并认真体会聊天的过程。聊天结束后，可以从以下几个方面对倾听的过程进行评估：

1. 不打断对方的话，专注地听。

2. 不仅关注倾诉的内容，还关注对方的感受。

3. 以丰富的面部表情和身体动作对倾诉者的表达进行积极回应。

4. 能抓住倾诉者表达的主要意思，不被旁枝末节所干扰而忽略了谈话的焦点。

5. 接纳、关怀对方，鼓励他寻求解决问题的途径。

6. 倾听时注意信息的反馈，及时确认自己是否了解了对方的意思。

三　体验间接沟通的后果

晓梅的好朋友李雪邀请她周末到自己家里玩，晓梅没有答应。周末晓梅去西单逛街，看见了另外一个好朋友张静，张静说跟我一起去看个朋友吧，晓梅说，好啊，晓梅和张静到了朋友家，打开门一看，原来是李雪。

请把上面这个故事在 10 个同学之间传递，是一个一个地往下传递，猜猜传到最后的同学那里这个故事会变成什么样子？

四　"事实"还是"推论"

事实，是指事情的真实情况，包括事物、事件、事态，即客观存在的一切物体与现象。推论，是指从一系列的事例找出一个组型。当受测者能从一系列事例中，借由登录相关联的属性与事例间的关系，进而抽取出一个概念或程序知识。在人与人的沟通中，我们既会注意到事实，也会根据事实进行推论，但是这种推论并不绝对准确，而且往往恰恰是推论会造成沟通的误会。上面的小故事之所以在传递中会发生变化，就是因为传递者根据自己的理解进行了人为的推论，进而距离事实真相越来越远。

根据上文晓梅、李雪和张静的小故事，讨论一下下面这六个问题哪个是事实，哪个是推论？

1. 晓梅没有答应去李雪家。

2. 晓梅不喜欢李雪。

3. 晓梅和张静一起在逛街。

4. 晓梅很喜欢张静。

5. 张静和李雪是好朋友。

6. 晓梅看见李雪的时候很尴尬。

答案：1、4、5 题是事实，2、3、6 题是推论。

☺ 超级测试

你化解矛盾的能力有多大?

1. 如果你比其他同学早到教室，你会怎么做? （　）

　　A. 只擦自己的桌椅

　　B. 除了自己的，还帮助同学擦桌椅

　　C. 除了自己的，还帮助所有与自己关系好的同学擦桌椅

2. 假设你刚刚转到一个新的班级，第一天上午你的表现会是什么? （　）

　　A. 只坐在自己的座位上默默地待着，等待别人来主动和你搭话

　　B. 偶尔问一下周围的同学你不清楚的事情

　　C. 很快就能和新班级的同学大聊特聊起来

3. 当你周围有同学生病住院时，你会怎么样? （　）

　　A. 有空就去，没空就不去

　　B. 如果关系密切，就去探望

　　C. 不管关系怎样，都主动去探望

4. 如果现在班级里有三个班干部职位空缺，老师让你任选一个，你会选哪个? （　）

　　A. 学习委员

　　B. 文艺委员

　　C. 生活委员

5. 如果有同学对你搞恶作剧，你会做何反应? （　）

　　A. 立刻生气地警告他："以后少做这么无聊的事情!"

　　B. 如果当时心情好，就不介意，如当时心情不好，会很愤怒

C. 毫不介意，和他们一起大笑

6. 交朋友时，你会选择以下哪一种？（　　）

　　A. 首先对你感兴趣的人

　　B. 看起来诚实可靠的人

　　C. 大家凑在一起能够制造 N 多笑声的人

7. 你通常怎么看待周围同学的优缺点？（　　）

　　A. 对别人的优缺点漠不关心、视而不见

　　B. 喜欢赞扬优点，缺点尽量少提，让他自己去发现

　　C. 相信真诚的力量，直言不讳地指出他的缺点

8. 如果今天是好朋友的生日，你会选择哪个礼物送给她（他）？（　　）

　　A. 一本目前正热销的漫画书

　　B. 一个可爱的公仔

　　C. 一个香甜诱人的水果蛋糕

9. 和好朋友一起看影碟，通常会怎样？（　　）

　　A. 先看自己喜欢的片子

　　B. 先看对方喜欢的片子

　　C. 用抓阄的方式决定先看哪部片子

10. 如果有人冤枉你损坏公物，你的第一反应会怎样？（　　）

　　A. 找老师解决

　　B. 立刻告诉好朋友，让好友和你一起讨回公道

　　C. 大声反驳，并要求对方道歉

计分与评分方法：

选 A 得 1 分，选 B 得 2 分，选 C 得 3 分，将所有题目得分相加得出总分。

10—16 分，耿耿于怀型

你生性淡漠，很少招惹别人，但你也不好欺负。平日和大家井水不犯河水，一旦有人犯到你，可就要小心喽！也许你当时不会非常激烈地和对方争吵，只狠狠地瞪上对方一眼，却会一直记在心里，以后绝不会再和发生矛盾的对方和解。

建议：不要过分在意别人的一时失口，也许别人并无恶意，也不想和你结怨，要放宽心胸，主动多与人交流，慢慢地你会发现原来人心都是很柔软的，一切都源于沟通。

17—23 分，静待发展型

和别人发生矛盾后，你会喋喋不休地去好朋友那里数落别人的不是，然后和朋友商量报复的对策。如果对方不主动找你和解，你也不会主动。但如果对方来和你道歉，你又会立刻反省自己的狭小心胸。

建议：俗话说得好，冤家宜解不宜结，矛盾发生后，冷静地分析彼此的对错，然后试着放下姿态，寻找机会主动示好，这样你的形象在别人心中又会进一大步哦！

24—30 分，积极主动型

当和别人发生矛盾时，你往往会和别人激烈地争吵，企图弄清谁是谁非。你的优点在于，事后如果发现或者有人告诉你确实是你不对时，能立刻坦率地去找发生矛盾的同学赔礼道歉，主动要求和解。

建议：其实有理不在声高，试着冷静地和对方沟通。不要总在事后亡羊补牢，因为有些伤害一旦造成，再怎么弥补也不会完好如初了。①

---

① 李翰洋：《杰出青少年要培养的 75 种心理素质》，新世纪出版社 2007 年版。

第四章 人人都说我爱你

——爱情

男人和女人就像白天和黑夜，谁也离不开谁。男人说：女人没有了男人，就恐慌了。而女人说：女人没有了，男人就恐慌了。

所以，我们每个人出生后，便开始寻觅自己的另一半，以求圆满。但并不是所有人都能真正找到自己的另一半。

爱情到底是什么，为什么尘世男女会产生不可遏制的爱情，如何找到自己真正的另一半，如何处理好恋爱中出现的各种问题，使恋爱成为促进自己成长和人格完善的契机……或许你会在这一章中找到答案。

第一节 男人来自火星，女人来自金星

☺ 心理之窗

丈夫对妻子说："哥伦布肯定没老婆，否则他什么新大陆也发现不了。"

妻子："那是为什么？"

丈夫："哥伦布如果有老婆的话，在出海前她一定会问哥伦布：你上哪儿去？为什么去？有事吗？和谁一起去？去多少时间？为什么……"

男女恋爱的心理差异

女孩的日记：

昨天晚上他真的是非常非常古怪。我们本来约好了一起去一个餐厅

吃晚饭。但是我白天和我好朋友去购物了，结果就去晚了一会儿，可能因此让他不高兴了。他一直不理我，气氛僵极了。

后来我主动让步，说我们都退一步，好好交流一下吧。他虽然同意了，但还是继续沉默，一副无精打采、心不在焉的样子。我问他到底怎么了？他只说"没事"。后来我就问他：是不是我惹他生气了？他说，这不关我的事，让我不要管。在回家的路上我对他说，我爱他。但是他只是继续开车，一点儿反应也没有。

我真的不明白啊，我不知道他为什么不再说"我也爱你"了？我们到家的时候，我感觉我可能要失去他了，因为他已经不想跟我有什么关系了，他不想理我了。他坐在那儿什么也不说，就只是闷着头看电视，继续发呆，继续无精打采。后来我只好自己上床睡去了。10分钟以后他爬到床上来了，他一直都在想别的什么。他的心思根本不在我这里！这真的是太让我心痛了。

我决定要跟他好好谈一谈。但是他居然已经睡着了！我只好躺在他身边默默流泪，后来哭着哭着睡着了。我现在非常确定，他肯定是有了别的女人了。这真的像天塌下来了一样。天哪，我真不知道我活着还有什么意义。

男孩的日记：
TMD，今天意大利居然输了。

看完之后，很多人肯定会要笑，笑女孩的多疑，笑男孩的不懂风情，不管怎么样，男人与女人之间的差异总是有的，不过笑过后似乎还学到了一些什么。

（一）男女恋爱的心理差异

1. 男性比女性更容易一见钟情

人们之间的了解，总是从相识开始。爱情萌生于好感，而人们之间的好感，也离不开最初的一见。有的初见没有什么，但会日久生情；而有的只要见上一面，就会顿生情愫。通常情况下，男性更注重女性的外貌，而女性更注重男性的内心世界，选择对象一般比较慎重。因而男性比女性更易一见钟情。

2. 男性在恋爱中的自尊心没有女性强

在恋爱中，男性一般并不过分计较求爱时遭到对方拒绝所带来的尴尬。如果求爱受挫，他们会用精神胜利法来安慰自己以求得自身心理上的平衡。而女性则不然，她们在恋爱中极其敏感，自尊心强，并想方设法来满足这种需要。

3. 男性求爱时积极主动，女性则偏爱"爱情马拉松"

在恋爱的过程中，男性往往比较主动，敢于率先表白自己的爱情，喜欢速战速决，与对方接触不久，就展开大胆的追求，希望在短期内能够取得成功。而女性则不然，她们喜欢采取迂回、间接的方式，含蓄地表达自己的感情，喜欢将爱情的种子埋藏在心灵深处。

4. 女性的情感比男性细腻

恋爱中的男性往往有些粗心，不能体察女方细微的心理变化。他们能顾及大方面，而不注意小的细节，对女生情绪的变化，经常百思不得其解，不知所措。女性的情感很细腻，善于体察对方的心理。她们追求爱情的亲密，要求男性的言谈举止都要称心。粗心大意的男友不经意的一句话、一件事，也会使她们伤感不已或大发脾气。

5. 男性的戒备心理没有女性强

一般来说，男性在恋爱中的戒备心理比女性少一些。不少男性在与女性开始接触后，几乎没有什么怀疑对方的心理。女性则不然，她们在恋爱初期显得十分冷静，常常以审视的态度来观察对方是否出自真心实意，考察对方的家庭细节，唯恐上当受骗。所以，在恋爱的初期，女性往往显得十分小心谨慎。

6. 在情感表现方面，女性较男性含蓄

男女在恋爱中的情感表现大不相同，即使到了感情白热化的热恋阶段。男性一般反应迅速强烈、意志坚强、勇敢大胆、激情洋溢，但情绪不稳定。这种个性特点，使他们对爱的感受容易溢于言表、喜形于色。言行多不深思后果，易冲动，受到刺激时不善控制自己，如急于用亲吻、拥抱等亲昵行为来表达爱。女性一般沉稳持重、情绪多变、感情充沛而脆弱。体现在恋爱过程中，则表现为感情羞涩而少外露，善于掩饰自己，喜欢用婉转含蓄、暗示的方法而不喜欢过早用动作、行为的亲昵来表达情感。

7. 男女爱情的计分方式不同

男人认为，大事的分数要高些，小事的分数要低些。比如，为女人买辆新车可能是三十分，帮女人倒一次垃圾可能只有一分。基于这种想法，男人会将他的精力集中在为女人做大事上，他相信这样能最好地满足她。而女人的计分方法是，不管爱的礼物大小，都只有一分。一支玫瑰花和支付一个月房租的分数是相同的。

女人这种计分方法不只是一种偏爱，而是真正的需要。女人需要各种各样爱的表示。只有一两种爱，不管它们多重要，也不能满足她。我们可以想象女人有个爱的桶，就跟汽油桶一样，它需要被一次一次地充满。做许多小事是充满女人的爱桶的秘诀。

（二）恋爱中女性的特殊心理

上述是在恋爱过程中男女之间的心理差异。由于女性较男性的情感更丰富细腻，心理活动更复杂、多变，尤其是处在恋爱中的女性，其心理更是让人捉摸不透。恋爱中的女性还存在以下几种特殊心理：

1. 假心假意的"转移"

女性在恋爱时，常常希望自己的男朋友说"亲爱的"、"没有你和我在一起，我很寂寞"、"我永远离不开你"等甜言蜜语。然而，男性很少了解这一点。正因如此，女性会有意识地在男朋友面前与其他男性友好、亲热，企图激起男友的醋意，以考验男友的真诚程度，但现实中往往适得其反。因为大多数男性对于女性的这种"移情"会信以为真，而主动退出恋爱，从而导致双方结束美好的恋情。

2. 莫名其妙的嫉妒

女性对周围的人或事甚为敏感，尤其在恋爱中，她会不断地将自己和他人作一比较，脑海里总担心自己的价值得不到对方的承认，因此便产生嫉妒，有时会使自己无法得以解脱。嫉妒心理是有害的，它不仅有损他人，也影响自己的身心健康。

3. 真真假假的否定

女性在恋爱过程中表达自己欲望的方法一般比较含蓄、委婉，有时还会是反向的。她说"不"的时候，内心往往是"好而愿意"。如约女友去看电影时，男友要去买票，女友说不用，男友就不去了，等女友去买，那么，这场电影肯定看不成了。

4. 扑朔迷离的"施虐"

恋爱中的女性具有一种施虐的意识，如与恋人约会时，会故意姗姗来迟，或有意不赴约，让久等的恋人焦急、烦躁、疑惑、担心，甚至痛苦、备受煎熬，以得到男友为她付出的快乐。恋爱中，这种轻微的、偶尔的"施虐"也是不可缺少的"作料",但经常、过分的施虐却是一种变态的心理,是万万不可取的。女性的这一奇特心理,实际上是一种自我保护的策略。当然,有时也是女性真正内心的表示。男性在恋爱中掌握女性的这种异常心理,仔细斟酌,真正领悟,有助于恋爱成功。

很多时候,男女双方在恋爱之前,每个人都是个体。但是,非常不幸的是,男女双方在恋爱之后,总想要成为一体。总想着:两个人相爱后,吃饭要在一起,睡觉要在一起,就连想的任何东西都恨不得在一块。要记住,你首先是一个独立的个体,你并不是任何人的另一半,也不是任何人的附属品。正确的恋爱观必须建立在独立人格的基础上。其次,男女在身体和心理的个性上本身就存在差异,面对差异,就更需要相互交流和沟通。

☺ 心域行走

小活动:两性对比猜猜看①

活动步骤:

步骤一

请每4—6个同性别的同学组成若干个小组(即男女生分开),将小组同学的意见和说法综合起来,完成下面的填空。

1. 我希望能够给予我的恋人:

(1) _____

(2) _____

(3) _____

(4) _____

(5) _____

2. 我希望能从恋人那里获得:

(1) _____

(2) _____

(3) _____

---

① 武光路、韩继莹主编:《爱上美丽心世界》,兵器工业出版社2007年版,第140页。

（4）_____

（5）_____

步骤二

待各个小组全部写完之后，各组同学一起猜想另一半同学的答案（即男生小组猜想女生小组所写的内容，女生小组猜想男生小组所写的内容），并在笔记本上按照上面的格式记录下来。

步骤三

由老师安排男女生小组在全班范围内轮流报告本小组的答案，大家看看自己猜想的另一半和他（她）们实际答案的吻合程度。

在这个小活动中，肯定会有出乎意料的答案！你会发现，原来男生和女生在恋爱对象的选择上，竟然有这么大的差别！

☺ 超级测试

你的异性缘怎么样？（男生版）

下面的测试主要是考察你是否懂得与异性交往的技巧，是否了解异性及结交异性的能力，赶紧做做这些题目检查一下自己吧。

1. 在热闹的社交场合，对方总是持续地关注你或需要你回应她的话题，你会呈现腼腆、羞怯或惶恐的表情。

    A. 同意　　　　B. 一般　　　　C. 不同意

2. 你和中意的异性交往时，喜欢滔滔不绝、长篇大论地唱主角戏。

    A. 同意　　　　B. 一般　　　　C. 不同意

3. 对于喜欢的女生，你会在她生日的时候舍得花钱花时间选一件她喜欢的礼物送上。

    A. 同意　　　　B. 一般　　　　C. 不同意

4. 你和异性约会的时候，所谈论的话题通常都能引起对方的兴趣。

    A. 同意　　　　B. 一般　　　　C. 不同意

5. 你不善言谈，不是一个幽默风趣的人。

    A. 同意　　　　B. 一般　　　　C. 不同意

6. 你与女孩子接触不多，不是很了解她们。

    A. 同意　　　　B. 一般　　　　C. 不同意

7. 约会结束的时候，对方给你留下很好的印象，你会：

    A. 直接各自回家

    B. 送对方坐上出租车或公交车

    C. 亲自送女生到家

8. 女友工作上遇到了麻烦，跟你倾诉抱怨，你会：

    A. 不理会，觉得没什么好抱怨的

    B. 指出女友不足，给出建议

    C. 悉心地安慰女友

9. 约会时，女孩子注视你的时候，你会：

    A. 觉得不好意思，不看对方

    B. 对视一下，但是马上离开

    C. 也与对方进行目光交流

10. 如果对一个异性有好感，很想追求她，你会：

    A. 没有勇气表达

    B. 直接表白

    C. 创造机会多接近对方

11. 你觉得恋爱中的女性最需要你：

    A. 购买贵重的礼物，展示自己丰厚的经济基础

    B. 不断地承诺，给她安全感

    C. 悉心的照顾和温柔的陪伴

12. 你觉得"没有及时回复女友短信"和"没有给她准备像样的礼物"哪个更让女友不能接受？

    A. 礼物   B. 短信   C. 两者都不能接受

计分与评分方法：

本测试选 A 项目得 1 分，选 B 项目得 2 分，选 C 项目得 3 分，所以本测试最低分 12 分，最高分 36 分。分数越高说明被试结交异性的能力越强。

得分在 20 分以下，说明你缺乏结交异性的基本本领。

具体表现在不善于观察和思考，对女性的心理特性了解较少。总爱根据自己的想法和观点处理问题，甚至有时候你会觉得弄不懂女孩子到底在想什么。这样在对方的眼里也许你就变得不够细心、没有风度、不了解女性。

得分在 21—29 分之间，代表你已经具备了一定的异性交往技巧。

具体表现就是你会主动地与异性交往，并且有意识地思考该注意哪些问题和细节。你对女性也有一定的了解，但还是有一些方面是不成熟的、不完善的，需要更多的反思和总结，特别是在与异性交往过程中的一些细节。

得分在 30—36 分之间，说明你善于结交异性。

具体表现在：你与异性交往的时候聪慧机敏、幽默风趣而又温柔体贴，会正确地理解女性的心理需求，因而能很好地与异性交往，得到异性的认可和接纳。

第二节　恋爱心理面面观

☺ *心理之窗*

西施说：爱情是武器。

貂蝉说：爱情是计谋。

昭君说：爱情是手段。

杨玉环道出千古奇冤：爱情是悔恨，千年扯不断的恨！

每个人都想搞清楚爱情是什么？真正的爱情到底需要怎样的理解和信念，下面我们就将介绍一些恋爱中常见的心理现象，也会帮你更好地理解爱情。

一　恋爱中的审美错觉——迁移现象

生力是一个比较内向的男孩，一次和几个老乡聚会，老乡带来了几个朋友。生力的斜对面是一个女孩，他瞟了那个女孩一眼，而那个女孩正笑盈盈地望着他。不经意地一瞥，让生力惊呆了：女孩当时背对着窗户，窗外的阳光照射到她乌黑的披肩长发上，闪着金色的光芒。生力激动得几乎不能自已，那顿饭他吃得魂不守舍。后来，生力了解到那个女孩在发廊从事"特殊服务"，但生力毫不在意地向女孩表达了爱意并求婚。这时，亲友们的反对意见开始排山倒海地压过来，老父亲甚至说如果他一意孤行就要断绝他们的父子关系，朋友也反复劝他此事不可当真。生力虽然觉得自己的做法有误，却无法控制自己的心情和行为，心理上产生了很大的压力。生力对那个女孩，完全是由于她乌黑长发上的金色光芒。生力的初恋——他的中学女同学——也有一头乌黑长发，在太阳的照射下发出那种金色光芒。而对于自己的初恋，生力认为她"长得漂亮，学习又很好。可是自己什么都不行，配不上她"。

其实，生力爱上的只是"过去的初恋对象"——他真正喜欢、怀念的还是高中时那个女同学，因为喜欢她，而喜欢上了她黑黑的、能够发出金子般光芒的长发，又因为喜欢上那样一头黑发，才喜欢上长有一头黑发的发廊女孩。

那为什么会发生这种情况呢？这主要是由于审美错觉的影响导致的"迁移现象"。什么是审美错觉？审美错觉是对客观事物的本质联系的一种错误知觉。就像生力，就因为"一头乌黑亮丽的秀发"，就不顾一切地爱上了那个女孩。对于纯粹意义上的精神爱恋，这种审美的迁移是无可厚非的。但是如果以婚姻为目标，这种以偏概全的心理就会酿成很大的心理危机。

二 情人眼里出西施——光环效应

心理学家认为，当一个人在别人心目中有较好的形象时，他会被一种积极的光环所笼罩，从而也被赋予其他良好的品质。这就是心理上的一种"光环效应"。"光环效应"也是一种以偏概全的评价倾向，是在人们没有意识的情况下发生作用的。由于它的作用，当你对一个人产生好感时，他的身上会出现积极的、美妙的，甚至是理想的光环。在这种光环的笼罩下，不仅忽略了对方外貌、心灵上的不足，甚至还人为地赋予他或她许多美好的品质。

恋爱中的光环心理，按其反映对象可以分为"对自己"和"对别人"的两类情况。就对自己而言，它常常发生在下列情况：当自己某一两方面的条件（如长相、职业、家庭等）比较好的时候，就会自恃恋爱条件优越，对未来配偶过分挑剔。当自己被多个异性同时追求时，尤其是在异性的热烈颂扬面前，有可能变得飘飘然，从而出现自我评价过高的倾向。就对别人而言当自己对某一异性产生同情或感激之情时，对自己内在感情的把握也会不准。

那么，该怎样克服恋爱中的光环心理呢？首先要有主见。一旦有了正确的恋爱态度和恰当的恋爱标准，我们的理智水平就会大大提高，恋爱过程中因感情波动而产生的光环心理就不会干扰到我们。其次要戒除偏见，只有横向视野而没有纵向视野，或者只有近距离视野而没有远距离视野，都会产生感觉和认识上的偏差，造成恋爱中的失误。最后要认真听取和分析旁人的意见，集思广益，也会帮助自己获得正确的主见，当然对别人的意见不能盲从，要"择其善者而从之"。

三 一个也不能少——从众心理

一个女生在日记中写道："空旷的操场上，黑暗的角落里，一对一对，卿卿我我，只有我独自一人，没人关心，没人爱。如果现在有个男生走到我的面前，真诚地对我说'我爱你'三个字，我马上会以身相许。"

一位男生无奈地说："在我们学校这种男多女少的地方，若不'趁热打铁'找对象，将来可能真会成为'老大难'。别人都能谈，我怎么就不能谈了？像我们寝室一共八个人，我排行老二，连老八都谈上了，自己再不谈的话，多难堪啊！"

从众心理其实就是用一种赶潮流、搞攀比的方式而导致的恋爱的发生。其实我们中有很大一部分同学在刚刚入学的时候，都想着要认真学习、多学知识、立志在将来成就一番事业，暂时不考虑爱情的事情。但随着时间的推移，看着身边的朋友一个一个成双成对，往往会心生羡慕，接下来就会有"也想恋爱"的从众心理。

爱情是人间至美的感情，如果仅仅为了摆脱寂寞或是证明自己不是"独立特性"的那个人，就随随便便开始恋爱，这是对自己和他人的爱最不尊重的表现。拿感情当儿戏，恐怕只会让自己的心灵更寂寞。

从众心理也跟周围文化环境的诱导有关。爱得死去活来的爱情电影、风花雪月的言情小说、缠绵悱恻的爱情歌曲、帅哥靓女的爱情故事等，都会潜移默化地影响我们的行为。

那么如何摆脱因为从众心理而引起的恋爱危机？办法只有一个，就是要对自己有正确的认知。很多因从众心理而开始的恋爱，往往只是因为不了解你自己、不确定你是否值得人爱。因此，一旦有表白或者被表白的机会，就迫不及待地答应了，甚至没有认真考虑是不是真的喜欢对方。

四 罗密欧与朱丽叶——逆反心理

看到这个题目，你是不是会感到奇怪？罗密欧与朱丽叶是千古传颂的爱情故事，怎么会跟"逆反心理"产生联系呢？

得瑞斯考尔等人于1972年研究了91对已婚夫妇和相恋已经达到8个月以上的49对恋人，考察被研究夫妇与恋人的彼此相爱程度与其父母的干涉程度之间的关系。结果发现，在一定范围内，父母干涉程度越高，有情人之间的相爱也越深。由于这一现象与莎士比亚的著名悲剧《罗密欧与朱丽叶》有异曲同工之妙，得瑞斯考尔便用"罗密欧与朱丽叶效应"来命名这一现象。

这项研究告诉我们，恋爱生活中存在着这么一种心理。一对相恋的男女，如果受到来自家庭、学校，甚至社会的压力，那么这种压力越大，他们俩之间期望相守在一起的力量就会越强，也就是说，外力越想扑灭，相爱的人之间恋爱的火焰就会烧得越旺。

然而，假设莎翁名著里的罗密欧和朱丽叶最后真的走到了一起，那么是否会像每个童话故事的结尾一样，"从此，公主和王子幸福地生活在一起"了呢？未必。事实上，真实生活中的"罗密欧"与"朱丽叶"们，在各种困难的干涉下表现出了让人惊诧的结合力，冲破了重重阻挠。然而，当一切尘埃落定，他们终于走到一起时，就会同时发现对方其实并没有想象中的那么好，最终，当所有的"邪恶势力"放弃阻挠时，他们没准儿会选择分开。所以，当自己的爱情不被周围的人支持时，一方面要有自己的坚持，同时也要冷静思考彼此是否真的合适。

五 八种不会有结果的爱情

1. 你在乎对方比较多

你在谈恋爱，却不确定对方的真实想法，你觉得你们很合适，可他好像不以为然；他不在时你很想他，你不在时他好像无所谓，这表示什么？"二人若不同心，岂能同行？"有时候会有一方爱另一方较多的情形，在健全的感情中，两个人会轮流扮演追求和被追求的角色。但如果有一方总是扮演追求者，这样的感情不健全，长久下去，你会对爱产生饥渴，甚至会感到愤怒、受骗、痛苦。

2. 你爱的是对方的潜力

你爱的是对方的潜力，而不是对方真正的样子。你爱的是对方未来可能的样子，那么他根本不是你的伴侣，而是你想要改造的对象。试问一下自己，如果你爱的对方 50 年内都不会改变，你会满意吗？如果你一直希望能改变对方，才觉得比较满意，那就不是爱，而是赌博。你跟一个人交往时，要爱和尊重对方本来的样子，而不是他未来的样子，你可以期望他继续成长，但你必须从喜欢他现在的样子开始。

3. 你想要帮助对方

你常觉得对方很可怜吗？你觉得自己有责任让对方振作起来吗？你如果离开对方，会不会担心他受不了打击？如果是，你恐怕是个"救难狂"。"救难狂"找的不是一个合适的对象，而是一个他同情、可以帮助的对象。找一个受过创伤、脆弱、依赖、缺乏爱的人，他会对你心生感激，这样的感情像是一项救援任务，而不是健全、平衡的感情。彼此相爱的关键是"尊重"，你所爱的对象必须是你能够尊重的人，你必须以对方为荣，你的伴侣需要的不是你的救援，而是要你的了解。

4. 把对方当作崇拜的偶像

年轻的女明星爱上导演、学生爱上老师、秘书爱上老板……爱上所崇拜的对象，这种感情一般很难维持，因为两个人之间无法平等对待。男女双方必须要平等对待，这里指的不是地位，而是态度，不能过度崇拜对方。会爱上所崇拜对象的人，通常自信心低落，觉得自己很糟糕。

5. 你只是被对方外表吸引

如果你发现自己被对方的某个特质深深吸引，就要认真地问问自己，若对方没有明亮的大眼睛、磁性的声音或者乌黑柔顺的长发，若对方不是模特儿，不会打篮球，自己还会跟他（她）在一起吗？

6. 短暂朝夕相处的机会

你和对方共同承担了某个班级工作，常常要一起留校到很晚，于是你觉得爱上了对方；或者你去度假三周，认识了一个同样来度假的人，你觉得自己坠入情网。短暂的朝夕相处，是指在特殊情况下凑在一起，并不是常规，这种感情不能持久，因为短时间的朝夕相处，无法使你完全了解对方的个性。

7. 为了叛逆才选择这个对象

父母总是跟你强调，要找个有钱的对象，偏偏你每个男朋友都是穷光蛋；从小父母就对你管教严格，偏偏你每个女朋友都很随便；从小父母就耳提面命，传香火是最重要的事，偏偏你的女朋友不是不能生，就是不想生……如果你所选择的对象，总是惹父母生气，或者与他们的希望相悖，很可能你只是出于叛逆心理，在这种情况下所做的选择，说明你并不是真心爱对方。

8. 对方不是自由身

这点之所以是最后一点，是因为这种情况根本不能算是爱情。选择终身伴侣的第一个前提是对方是"自由身"。"自由身"就是可以自由和你交往、没有结婚、没有订婚、没有固定的交往对象、只和你交往的人。如果你爱上的那个人答应要和另一个女人分手；或是告诉你他不爱那个女人，他爱的是你；或是他原来的对象接受你的存在，他们不打算分手，但他想跟你在一起一辈子；或是他刚分手，但有可能破镜重圆……这，都不属于自由身。

别和已婚或有对象的人来往，不管是什么借口，结果都一样。你注定要心碎。选择权在你手上，责任在你身上，你要选对人。如果你有交往的对象，而你属于上面谈到的八种感情之一，早些分手，别浪费时间，还有更好的对象在等着你。

☺ 心域行走

喜欢和爱的区别

喜欢一个人就等于爱一个人吗？也许大部分人都会回答"NO"。这也就说明喜欢和爱的感觉是不一样的。所以，下面有 26 道题目，请你根据自己对爱情的理解，选出 13 道和"爱情"相关的题目，而剩下的13 道则为和"喜欢"有关的题目，你能正确地选出吗？

1. 他（她）觉得情绪低落时，我觉得自己有责任让他（她）快乐起来。

2. 以我看来他（她）特别成熟。

3. 他（她）是我想学的那种人。

4. 在所有的事件上我可以信赖他（她）。

5. 我觉得他（她）非常容易赢得别人的好感。

6. 我觉得要忽略他（她）的过错，是一件很容易的事。

7. 我愿意为他（她）做所有的事情。

8. 我觉得他（她）是许多人中容易让别人尊敬的一个。

9. 我认为他（她）非常好。

10. 我觉得什么人和他（她）相处，大部分都会有很好的印象。

11. 当我和他（她）在一起时，我发现我什么事都不做，只是看着他（她）。

12. 我认为他（她）是十二万分的聪明。

13. 若我不能和他（她）在一起，我会觉得非常不幸。

14. 对他（她）我有一种占有性。

15. 我愿意推荐他（她）去做令人尊敬的事。

16. 假如我孤寂，首先想到的就是去找他（她）。

17. 我觉得他（她）的幸福是我的责任。

18. 我对他（她）有高度的信心。

19. 当我和他（她）在一起时，我发觉好像两人都有同样的心情。

20. 在世界上也许我关心许多事，但有一件事就是他（她）幸不幸福。

21. 我觉得和他（她）很相似。

22. 没有他（她）我觉得难以生活下去。

23. 我愿意在班上或团体做什么事情都投他（她）一票。

24. 我觉得他（她）是所有认识人中最讨人喜欢的一个。

25. 他（她）不管做什么，我都愿意宽恕他（她）。

26. 若我也能让他（她）百分之百信任，我会觉得十分快乐。

答案："爱"包括1，4，6，7，11，13，14，16，20，19，22，25，26
"喜欢"包括2，3，5，8，9，10，12，15，17，18，21，23，24

☺ 超级测试

情感理智心理测评

认真阅读下面的每一个问题，看说法是否与你相符，把符合的项目的序号填在括号里。

1. 在朋友面前谈及他的时候，你会（　　）

    A. 吹嘘他的优点

    B. 有所保留，这是我们俩的事情

    C. 友善地开他的玩笑

    D. 对他的动机很感困惑，怀疑他是否真的爱你

2. 如果你在街上碰到了他，你的反应是（　　）

    A. 非常欣喜

    B. 震惊

    C. 紧张不安（你习惯先做好准备才与他见面）

    D. 感到温暖、友善

3. 你的社交生活（　　）

    A. 几乎为了他而完全终止

    B. 有一点影响——和朋友相处的时候少了

    C. 多姿多彩——他与你的朋友相处得很融洽

    D. 很受影响——他与你的朋友没有共同点

4. 你认为他的缺点是（　　）

    A. 可以容忍的——这是他的吸引力之一

    B. 可以帮助他改正

    C. 有点令人恼怒

    D. 一种必须适应的毛病

5. 对于他的朋友，你会（　　）

    A. 很欣赏并喜欢与他们相处

    B. 虽然与你的风格很不相同，但你还挺喜欢

    C. 不易相处，但你会接受，因为他们是他的朋友

    D. 麻烦得很，你不理会他们，他们也不理会你

6. 在经济方面，你们的关系是（　　）

    A. 你不断送礼物给她，弄得自己囊空如洗

    B. 他在你身上花了很多钱

    C. 你们都囊空如洗

    D. 你们储蓄了一些钱，但无暇花钱

7. 当他做了一些让你反感的事情，你会（　　）

    A. 暴跳如雷   B. 一言不发

C. 立刻以牙还牙　　　　　D. 向他说明你为什么不高兴

8. 你认为与他交谈是（　　）

　　A. 令人兴奋及有启发性　　　B. 像是心灵交流，尽在不言中

　　C. 很愉快，虽然偶尔比较沉闷　D. 并不重要

9. 当你见到他掉在地上的袜子和内衣裤时（　　）

　　A. 通常提醒他　　　　　B. 笑他太散漫

　　C. 感到烦恼　　　　　　D. 指出他太粗心大意

10. 当你与他建立关系后，你的工作（或学习）（　　）

　　A. 受到影响——你不能集中精力工作（或学习）

　　B. 受到忽视，但只是小部分——你不再像以前那样投入

　　C. 保持不变

　　D. 有了进展——爱情使你充满干劲

11. 你要离开此地，但不能与他同行，你对他的情意能持续多久？（　　）

　　A. 数星期　　　　　　　B. 数个月

　　C. 一两年　　　　　　　D. 永远

12. 你认为他的外表是（　　）

　　A. 一件美得令人窒息的艺术品　B. 十分漂亮

　　C. 漂亮，但不出众　　　　　　D. 并不漂亮，但你仍然爱他

13. 在思想方面，你认为他（　　）

　　A. 非常有头脑，目光远大

　　B. 高人一筹

　　C. 有点呆，但是你相信他会有所改变

　　D. 非常令人失望

计分与评分方法：

对照下面的计分表，将各题得分相加，统计总分。

	1	2	3	4	5	6	7	8	9	10	11	12	13
A	8	6	8	6	6	8	6	6	8	8	2	8	8
B	6	8	6	8	4	4	2	8	6	2	4	6	6
C	4	2	4	2	8	2	8	4	4	4	6	2	2
D	2	4	2	4	2	6	4	2	2	6	8	4	4

91 分以上：目前，你所沉醉的爱情只是一种虚幻。你相信爱情可以战胜一切，坚持视他为理想对象。你对现在的恋人非常满意，甚至为他着迷，期望能与他携手共度一生。如果你的恋情遭到了周围人的反对，你会不顾一切地反驳他们，带有几分"罗密欧与朱丽叶效应"的心理。

61—90 分：你是个感情丰富的人，但有些缺乏理智。你会考虑他的缺点，但发现自己仍然爱他。你对对方有若即若离的感觉。对于自己的感情你似乎有点飘忽不定，现在的你或许带有"从众心理"的影子。

35—60 分：如果你决定与他共度一生，那便是一段实际、理智而又浪漫的关系。你很欣赏他的某些方面，但不是全部。你既不会因为喜欢对方的某些优点而否定了他的缺点，也不会因为他的部分不足而无视他的优点。如果对方也是以同样的态度看待你，那么恭喜你找到了一个和你匹配度极高的伴侣。

34 分以下：可能对方有一些很吸引你的地方，但你对他并没有多深的感情。你们之间的关系最多是朋友，甚至不能算上很要好的朋友。或许你们之间只能算是萍水相逢、擦肩而过的关系，就让它淡淡地随风而散吧！

第三节　羞答答的玫瑰静悄悄地开
——性意识的萌芽

☺ 心理之窗

饮食男女，人之大欲。上了大学的我们往往对异性有着莫名的好奇与幻想。这种诱惑有时候是那样的不可抗拒，由于年轻、好奇而且冲动，不能很好地认识自己、把握自己，也许会犯下让自己一辈子内疚的错误。大学生拥有强烈的性冲动，却也体验着强大的性压抑，这种矛盾的状态给大学生的心理带来极大的困扰。

一　第一块大石头：性罪恶
一个女生小杨的故事："刚进学校时，我就发现我们的美术老师特别英俊，特别引人注意。有一次上课的时候，我无意识地看了一眼讲台上美术老师的裤裆后，便不断地责备自己为什么要往那儿看，并骂自己下流无耻。但是越自责，就越克制不住要往那里看。我恨自己不能控制这种淫邪的目光。最近一年，我发现自己越想压抑那种欲望，投向那里的目光反而越频繁。从看一般的同学发展到注视路人，现在我整天担心自己的目光会被人发现，我不敢去人多的地方看书，也不敢正视别人的目光，更不敢同异性交往，我觉得前途一片黑暗……"

青春期性意识开始萌芽，出现小杨这种性压抑感、罪恶感和强迫观念、强迫行为的同学不在少数。出现这种问题的原因往往是由于生活背景和成长经历造成的性不洁感，觉得性是肮脏的、邪恶的，严重者甚至连书上写着"性"字的章节也不愿意翻开看。随着社会的进步，人们对性的认识虽然发生了巨大的变化，但受传统文化的影响，我们的身边或许会产生类似小陈和小杨的问题，认为性是下流的、肮脏的、难以启齿的，这样往往导致情感、性态度的过敏、禁忌、矛盾、冲突等，进而影响我们的自我评价，表现为焦虑、烦躁、厌恶以及内心不安、恐惧、自责等。

其实，性与爱情这两个话题是密不可分的，也是人类繁衍至今永恒不变的主题。如果说爱情是两个人之间最美好的花蕾，那么性就是这朵花蕾结出的甜美果实。如果只有爱情而没有性，那么我们人类在最古老的时代就已经灭亡；如果只有性而没有爱情，那么我们现在跟动物园里的动物又有什么分别呢？之所以会有同学单纯地把性理解成邪恶、肮脏的东西，原因是他们是把爱情和性两者完全割裂分离，进而形成生理及心理上的种种不适。

请从今天起卸下你心头那块沉甸甸的石头吧！大声地告诉自己，爱情是美丽的，性是美丽的，拥有爱情和性的这个世界是最美丽的！

二　第二块大石头：性自慰

大学一年级的魏岚来到心理门诊："我控制不了，几乎是两天一次。我知道那样很不好，可我戒不掉，已经三年了。""现在我的身体真的要垮掉了，腰膝酸软，失眠、记忆力差，而且据说经常手淫，婚后会出现阳痿、早泄等性功能障碍，而且我觉得手淫很不道德，特别怕人知道，怕极了……"

自慰是让许多年轻人关注和备受困扰的问题。而在自慰这个问题上，无论男生还是女生，或多或少都会像魏岚一样，对手淫充满了内疚感，认为性自慰有伤身体，影响性功能；认为自己下流，充满了罪恶感；产生高度的心理紧张、忧郁、恐惧、焦虑等，严重者会变成神经症，从而影响正常的学习和工作。

以前我们常称性自慰为"手淫"。而一提到"淫"字，我们往往联想到"下流"、"万恶淫为首"等消极、负面的信息。目前国际上统一的都将"手淫"一词用"自慰"替代，为的就是减少其中的贬义成分，采用更加中立的语词来描述这一性成熟过程中的正常现象。由此可见，性自慰并没有你想象中的那么糟糕。而事实上，性自慰本身既不会导致生理上的适应不良，也不会引起心理危机，自慰是性机能发育成熟后满足性欲、缓解性冲动和性压力、消除性饥渴和性烦恼的一种手段，是正常性行为的一种补偿。

但是，为什么魏岚还是会觉得自己腰膝酸软、注意力下降呢？这主要是由于过度自慰造成心理上的压力，引起了身体上的反应。原本进行自慰是为了缓解我们的性需求和性压力，然而由于过度自慰，造成我们自身的性欲增强、性冲动加快加重，反而达不到原来的释放目的。自慰过度一方面可能诱发生理上的疾病，如外生殖器的感染等，另一方面可能造成对真正的性行为缺乏兴趣，觉得对方甚至没有 DIY 的合适，进而影响人际交往的情绪等。

克服过度自慰要顺其自然，适当地进行调整；要进行合理的自我保健，少穿或不穿紧身内裤，以免刺激生殖器。保持心情舒畅，培养广泛的兴趣爱好，养成良好的生活习惯；与此同时，接受正确的性教育和建立正确的性意识，消除性自慰带来的心理压力与焦虑，最终实现身心的全面健康。

三 第三块大石头：性行为，好看不好吃的禁果

某大学一名男生，喜欢一个人偷偷地看 A 片，而且看得多了以后，开始对班上的女同学想入非非，和女生谈起了"恋爱"，并偷带女同学回家一起看 A 片，结果是两个人发生了性关系，学习成绩开始一落千丈。男生还打电话到医院，说女生最近不想吃东西，就想吃酸的，还常常呕吐，问医生可能是什么病。

由于目前我们所接受的性教育滞后，大多数的男生女生在发生了性行为之后，很少会采取有效的避孕措施，极有可能怀孕。而当事双方往往毫无察觉，错过了终止妊娠的最佳时机。即使终止妊娠后，其机体也要花很长时间在激素分泌等多方面做调整，才能恢复到正常状态。而少女自身处于发育期，调节能力有限，无法有效恢复，由此引发的生理疾病往往会伴随一生。

舆论压力和自责、内疚，会给女生造成严重的心理创伤。因为性行为常常是在十分紧张的状态下偷偷摸摸进行的，缺乏性知识的学习和思想方面的准备。同时又因为怕怀孕、怕暴露而产生恐惧感、负罪感及悔恨情绪，时间长了还会使男女双方发生心理变异，如厌恶性生活、性欲减退、性冷淡等。人在情中不知迷，这时候发生的性行为会给我们带来什么样的不良后果呢？让我们一起来了解一下。

1. 性行为给女方带来了极大的心理和生理压力

性行为的发生，有时是女孩主动提出的，而更多的是男孩要求，女孩迎合或抵御不了，但事前事后心理状态大不相同，它给女孩造成的心理压力如恐惧、自卑、冲突等会接踵而来。

在不想生育的前提下受孕，其补救措施就是人工流产。但是人流的不良后果极大：一是不能正常地恢复身体的健康状况。有的女孩子为了不让别人知道，做完手术后不休息，立刻去上课、学习，严重影响了健康状况的恢复，甚至导致大出血；二是容易损伤生殖器官，出现意外事故。有的女孩子不敢去医院人流，找那些江湖医生，在极不科学的条件下实施手术，使生殖器受到很大损伤，有的甚至送了命，也有的遭到品质恶劣的江湖医生凌辱，身心均受摧残；三是引起许多并发症。医学研究和临床资料证明，人流对女性可造成月经量少、闭经、不孕、子宫内膜异位症等，严重的会引起宫颈癌等。

2. 性行为可能使恋爱关系出现破裂

在未发生性行为以前，恋爱双方是相互平等、自由选择的关系，可发生后的情况则有所不同。

首先，双方的吸引力很有可能比过去逐渐减弱，原本因为两性关系很神秘，现在"不过如此"，过去的光彩、美丽不再。俗话说"吃不到的才是最好的"。朦胧美是美的最极致表现，而一旦揭开了那层面纱，一切就显得那么无趣。尤其是我们大家正处在喜欢追求新鲜刺激，惯于喜新厌旧的时期，性的神秘感一旦被打破，往往伴随而来的就是乏味。然而性行为的发生，并不能像游戏里的 GAME OVER 一样，可以从头开始。玩具腻味了我们可以丢掉，但恋人以及感情上的纠结，并不是一句简单的"START AGAIN"就可以轻描淡写地擦去。

其次是女生再选择的机会减少。因为对于男生而言，性冲动可能出于一时的；但对于女生而言，性行为可能是维持这段爱情所不得不经历的过程。当一个男生选择与女生发生性行为，代表的往往是"我现在最爱的是你"，但女生的潜台词却是"我从此最爱的是你"。以性行为为分界点，前者的感情已经达到了爱的顶峰，而后者可能才刚刚开始认真对待这段感情。原来男生十分迁就女生，自女生委身于他之后，便以为"她再也离不开我了""非我莫属了"，故对女生开始态度随便，任意支配。反之，女生也有可能因为"已经是他的人"，又担心男生改变初衷，唯恐被抛弃，于是对男生一再迁就容忍，将就着维持恋爱关系。两个人的想法也许根本不在一个水平上，其严重后果就可想而知了。

最后是使男生对女生的猜疑开始萌生。恩格斯曾讲："性爱是排他的"，女生如此，男生也不例外。男生总希望女友只信任自己，对自己开放，一旦与之发生关系，便又开始猜疑女生"她对别人是否也这样?"如果男生对这个女生爱得愈深，这些问题就越可能困扰他、折磨他。若这个女生过去已谈过几个对象，这种疑心就会愈发加重，甚至产生"我和她过去的男友到底谁比较好"的疑惑，而女生往往对这些涉及过去隐私的问题都比较避讳，这又更进一步地导致男生的猜疑，最终导致恋爱关系的终止。

以上主要是针对女生而言的。其实男女之间发生性行为，如果不算怀孕，对男生的性心理危害远远大于对女生性生理的危害。因为发生性行为时，双方尤其是男生比较紧张，怕被人发现，从心理上要求尽快完成。时间一长，男生容易在大脑内形成"尽快完成"的性心理条件反射。即使日后成婚，这种已经形成的条件反射仍然存在，夫妻生活质量不高，往往会在心理上误以为自己已经对对方失去了兴趣，重新寻找婚外性刺激，这就是我们常说的婚外情。然后又会陷入在婚外情不安全条件下"尽快完成"的新一轮恶性循环。这就是我们常说的"这个男人靠不住，跟谁都长不了"。

所以，恋爱中的以及还没有恋爱但渴望爱情的同学们，在你行动之前，一定要明白，性不单单是一种感觉或体验，而是一个融合了两个人的身体、情感、意志、理性和感官的行为。性可以带给两个人更加亲密的关系，带来欢乐和愉悦，但我们不要忘记，性的一个重要目的是繁衍。必须认识到，每一次发生性关系都可能导致怀孕，我们必须准备好，并在具备承担后果的能力之后，再考虑发生性关系。

男生应该了解，女孩子对异性之间的感情越是郑重、越是珍视，就越难以接受男孩子的性冲动表现，她们通常认为男女之间的感情是纯真的，容不得任何粗鲁的言行玷污。男生应该不断地加强自我修养，完善个性，学会"管理"感情，在与女性的接触中做到自珍、自重、自爱、自强，牢固地筑起心理防线，做自己感情的主人，控制性冲动。学会做一个值得依赖、值得依靠的男子，而不是非洲大草原上的雄性动物。

学会等待，珍惜自己，为的是现在的生活更安全，也为了以后的生活更美好。美好品格的一个方面就是自制。这意味着去做正确的事情，即使当时你并不想这样做。无疑，性的吸引是爱情的基础之一，但毕竟不是全部。肉体上的吸引力毕竟是有限的，而人的情感世界、精神世界却是那样的丰富多彩、博大无边。相对于爱而言，性所能传递的仅仅是有限的一部分。

四　如何拒绝恋爱中的性

1. 坚持自己的价值

牢记一个人只有在婚内才能满足对方的性要求，不要在婚前接受别人的性邀请。这是一种性的坚定，也是肯定自我价值的体现，充分展示了女性的自信。

2. 直接言语拒绝

当男生说"你必须以实际行动来证实你对我的爱"。女生应明确表态："你若真的爱我，就应该尊重我的意愿。"一个有修养的男子便会停止鲁莽的举动；而一个玩弄女性成性或道德败坏者往往会死缠不放。

3. 倾听男友"受伤"的感受

在拒绝男友的时候，同时告诉他并不是看不起他或者不喜欢他，而是要等到合适的时候，也许男友会更加敬重、佩服你，觉得你更值得交往下去。

如果有些女生迷恋对方的身材、风度、地位、权力或金钱，往往不能把握自己，等男方抛弃后才醒过神来。男方的理由很简单："既然你这么痛快就答应了我，你当然也会同样痛快地答应别人。"

4. 与男友讨论如何克制性冲动

即直接的和男友讨论，两个人交往中应该注意哪些问题，来避免男友出现强烈的生理冲动。如以下几个方面：

（1）避免视觉和主动触觉的刺激。女生不穿着暴露，不与男友发生过分亲密的身体接触。

（2）两个人见面时尽量选择公共场合，避免到过分偏僻和私密的地方，体验所谓的"二人世界"。

（3）避免酒精。两个人在一起时，不要喝太多酒，以免酒后失控。

☺ 心域行走

一 活动体验：人工流产

妊娠三个月内采用人工或药物方法终止妊娠称为早期妊娠终止，也可称为人工流产。用来作为避孕失败意外妊娠的补救措施，也用于因疾病不宜继续妊娠、为预防先天性畸形或遗传性疾病而需终止妊娠者。人工流产可分为手术流产和药物流产两种方法。常用的方法有负压吸引人工流产术、钳刮人工流产术和药物流产术。人工流产对人体的伤害是非常大的，这个活动就是让同学们体验人工流产的过程，进而意识到这种行为的危害性。

活动内容：准备一个南瓜和一个勺子，让几个人轮流用勺子去刮南瓜的内部，直到南瓜的外皮被刮得越来越薄，然后将南瓜切开，看看里面的样子，告诉参与的同学，流产后的子宫可能就像这个样子。

最后让参与的同学分享这个过程中的感受。

二 被舔过的糖果——体验不安全的性行为

不安全性行为是一个笼统的概念，它是指没有任何保护措施所引起行为人之间体液交换的性行为。如今大学生性观念日趋开放，但大学生生殖健康教育和服务落后于实际需求，在性卫生、性病知识、对安全性行为、避免和性传播疾病知识了解明显不足。另外，很多同学面对性这个话题的时候，都心存侥幸，觉得就一次怎么会怀孕呢？对方怎么可能有艾滋病这些性传播疾病呢？但事实是不安全的性行为不会因为概率较低就可以完全忽略，因为一旦有了不安全的性行为，那后果就是不堪设想的。下面的活动就是让同学们感受一下不安全的性行是多么的可怕。

活动内容：提前准备一袋子糖果，最好是纸质包装的糖果，打开很方便，再包上也方便。然后当着很多人的面，拿出一颗糖果放到自己的嘴里舔一下，舔完之后再包上，重新放回糖果袋子里，与那些没有被舔过的糖果放到一起。最后拿着这个糖果袋子问大家：

（1）现在请你吃这个袋子里的糖果，你会吃吗？为什么？

（2）如果与你发生性关系的那个人就是一个被别人舔过的"糖果"，你感觉怎么样？

（3）如何看待性行为中的"侥幸"心理？

注：上述两个体验活动由北京电子科技职业学院黄莉莉老师设计并提供。

☺ 超级测试

你的性心理有多成熟（女生篇）

也许在你眼里，自从初潮来临自己就已是一个成熟的女性，更何况现在已经谈情说爱、长大成人。但这里可以肯定的只是你的性生理确实已经成熟，而性心理的成熟不只是年龄问题。下面的测试将帮助你认识到自己在性心理方面是否成熟，它有助于你正确处理和异性的婚恋关系及性关系。

1. 下面三种人中你会选择哪个做你的老公（　　）

　　A. 有钱的企业老总

　　B. 帅气的篮球运动员

　　C. 潜力股的青年才俊

2. 你觉得咖啡的味道（　　）

　　A. 很香

　　B. 很苦

　　C. 最初很苦，慢慢品味又觉得香

3. 第一次与喜欢的异性共进晚餐时，你会（　　）

A. 好好打扮自己，让自己看起来尽量漂亮、性感

B. 不做特殊准备，与平时一样随意

C. 尽量注意让自己的言谈举止大方得体

4. 无意中得知一个久未谋面的闺密和一个年龄很大的男人结婚了，你会认为（　　）

A. 这个男人一定很有钱，或者很有权

B. 也许是实在没有更合适的了吧

C. 年龄不重要，也许就是闺密喜欢的

5. 对于感情和性的关系，你认为（　　）

A. 性让纯洁的感情不再纯洁

B. 感情发展到一定程度，性是顺其自然的

C. 性本身也是爱情，两者难以区分

6. 参加朋友的婚礼，不巧把你安排在只有你一位女性的桌上了，你会（　　）

A. 看能不能换一个桌子吃，实在不行就低头赶紧吃然后走人

B. 话很多，基本上没时间吃东西了

C. 比较安静，但也会和边上的人适当谈话

7. 海边的度假小屋，你希望它的窗户（　　）

A. 很大，可以一览无余的享受屋外美景

B. 很小，这样才感觉神秘

C. 中等，即可以享受外边的美景，也可以私密些

8. 第一次发生性关系的时候（没有性经历的可以假设），你会（　　）

A. 无所谓准备，什么都不想的就发生了，觉得没什么

B. 本来不想的，但还是发生了，所以很害怕、很担心

C. 觉得已经准备好，发生后觉得很幸福，两个人更近了一步

9. 下班后，你给老公准备了丰盛的晚餐，这时你心里会想（　　）

A. 赶紧趁这个机会让他答应自己的某个要求

B. 还不是因为被老公抓住了某个把柄，要不才不会呢

C. 这种感觉很幸福，老公也一定开心

10. 园里开满了漂亮的月季花，如果让你给这些花拍照，你拍出的

照片会是（ ）

　　A. 照片上到处是花，不留空隙

　　B. 照片上只有一朵花

　　C. 既不是一朵，也不会到处是花，应该是几朵搭配

　　11. 身边四五十岁的女人，突然跟你谈论她并不美满的性生活，你会（ ）

　　A. 不理会，当作没听见。但心想这么大年纪了还有这个心思

　　B. 表面上很害羞，但心里并不拒绝

　　C. 很愿意倾听，欣赏这种保持愉快和丰富的愿望，特别是这么大年纪

　　12. 晚上散步看见前面有一男一女，男的搂着女的肩膀，女的搂着男的腰。对于两人的关系，你觉得（ ）

　　A. 普通的朋友

　　B. 爸爸和女儿

　　C. 情侣或者夫妻

　　13. 如果不慎和你所爱的男人有了孩子，但你们现在还没到谈婚论嫁的阶段。这时你会（ ）

　　A. 不管结不结婚，都先要把孩子生下来

　　B. 要求他立即与你结婚

　　C. 做人工流产，直至恰当时再结婚

　　14. 橱窗里有三条裙子，你会选择（ ）

　　A. 圆领、泡泡袖、镶嵌很多可爱花边的裙子

　　B. 比较性感的黑色吊带裙

　　C. 剪裁时尚而大方的白色连衣裙

　　计分与评分方法：

　　选 A 计 1 分，选 B 计 2 分，选 C 计 3 分。将所有题目得分相加，得出总分，本测试最低分 14 分，最高分 42 分。

　　得分在 14—21 分之间：你的性心理不是很成熟。首先，表现在你对待性的态度上，可能你还没有很好地了解性的本质，或者把性看成龌龊、肮脏的事情，绝不能讨论，也不敢渴望；或者你对性采取了一种似乎不以为然的态度。其次，表现在异性交往方面，你最可能出现的问题就是太年轻、太天真，大多数人会把你看作爱情方面尚未成熟，不能令

人满意、不够理智、不够成熟的人。

得分在 22—34 分之间：你的性心理比较成熟。你在爱情生活中对性及对异性的把握都具备了相当的能力。首先，表现在你对待性的态度上，你对性虽不会肆意谈论，但心里并不是绝对拒绝和排斥。至于那种对性似乎不以为然的做法离你更是非常遥远。性是什么、什么情况下才可以发生性关系，你基本是可以掌握的。其次，表现在异性交往方面，你能够理智地选择恋爱或者婚姻的伴侣，不会单纯地为爱情而爱情。也知道异性交往中一些基本的规则和技巧，能够成熟、理智地看待婚姻和爱情。

得分在 35—42 分之间：你的性心理非常成熟。你在爱情生活中对性及对异性的把握都具备了很好的能力。首先，表现在你对待性的态度上，是很成熟的。能够正确地看待性，认识到性同爱一样都是人与人之间最亲密、最美妙、最高峰的一种情感体验，所以不会拒绝和回避，但同时也知道性是一件人生大事，特别是对女性，需要各个方面的准备，只有在处理好了各种准备的情况下，性才是最安全、最幸福的。其次，表现在异性交往方面，你敢于追求异性的关爱，但也能够正确看待与异性的关系，距离的保持、亲密关系的处理，你都比较理智。

第四节　当爱情鸟飞走时
——如何面对失恋

😊 **心理之窗**

抓不住爱情的我，总是眼睁睁看它溜走，世界上幸福的人到处有，为何不能算我一个；为了爱孤军奋斗，早就吃够了爱情的苦，在爱中失落的人到处有，而我只是其中一个……

林志炫的一首《单身情歌》，唱出了多少人的心声。在现实生活中，可能是因为曾经相爱的人之间没有了爱，也可能是因为许多其他的理由而不能走到一起，很多恋爱关系是以分手告终的。怎么面对失恋，是很多人都会遇到的问题。

一　失恋的影响

失恋是指恋爱中的一方终止恋爱关系后给另一方造成的一种严重的心理挫折。失恋的人往往觉得世界在失恋的那一刻起就阴暗下来，悲伤、绝望、虚无、忧郁等各种创伤性情绪体验接踵而来。产生失恋的原因多种多样，或者一方变心，或者双方发现性格不合、感情不融洽，或是由于家庭或社会舆论的压力等。

失恋所引发的消极情绪若不及时化解，就会导致身心疾病。对我们而言，恋爱关系的意义早已超出了这种关系本身，已经是我们自我评价的基础。同时，对异性感情的渴望和追求，也强化了我们对恋爱关系的珍视。所以一旦失恋，尤其是被拒绝的失恋时，对我们的影响是巨大的。

（一）失恋后的表现

失恋之后的表现是多种多样的，常见的形式有：

1. 畏缩。这是采取避免与现实接触的方法来逃避挫折的一种自我保护机制，是一种消极的反应。例如，有的女生失恋后，把自己整天关在房里，与世隔绝，以求精神安慰。更有甚者，从此拒绝亲密关系，不再谈恋爱。这种以人际冷漠态度对待外在世界，实际上带来的是长期的身心损伤。

2. 自我攻击。一个男生因恋爱陷入痛苦之中，他非但不怨恨原来的恋人，反而在深刻的"自省"中为自己罗织了许多"罪状"，认为失恋的根本原因是自己卑劣的心灵与对方崇高的人格不能匹配。虚假的自责，沉浸在自我编织的痛苦深渊中。

3. 外向攻击。是用嘲笑、谩骂、毁容等伤害对方的方法来摆脱挫折感的一种行为机制。具有强烈占有欲的人，常用"非爱即恨"的感情模式来处理生活中的感情危机，因而容易出现这种攻击性。

4. 他向攻击。失恋者在爱和恨的感情上无法解脱时，他（她）不忍心攻击自己昔日的偶像，而是把矛头指向与恋爱无关的第三者身上。

（二）失恋带来的不良心理反应

如今多数失恋的大学生能逐渐正确对待失恋，然而有些失恋者出现失控和反常的心理反应。分析失恋者的心理表现，常见有以下几种不良的心理问题。

1. 自卑心理。感到羞愧难当，陷入自卑、心灰意冷之中，有的人甚至因此走上绝路。

2. 报复心理。有的失恋者失去理智，产生报复心理，结果可能造成毁灭性的结局。特别是由于一方不道德而导致失恋，更容易出现报复心理。

3. 渺茫心理。有的人把恋爱看得至高无上，一旦失恋了，事业、前途什么都不顾了。

4. 悲愤心理。失恋者终日沉浸在极度痛苦中，反复咀嚼失恋的痛苦，品尝人生的苦酒。时间一长，就会使失恋者变得感情脆弱，性格古怪，形只影单，使人难以接近。

5. 绝望心理。失恋的冷水似乎把失恋者的生命之火熄灭了。他们从此对一切都失去了信心，有的甚至走上了轻生的绝路。

6. 极端心理。失恋者仅仅从个人的一次失恋，便否定了对方所属的整个性别、职业、出生地，乃至爱情本身，因此就进入了终身不婚的独身主义的孤舟。据社会学家的调查，大多数男性独身主义者不婚的原因就是因为初恋的失败。

以上几种心理，都会给失恋者和社会带来极大的危害。因此，失恋者要特别注意保持心理健康，面对现实，积极地寻求多种方法和途径，疏导因失恋而带来的郁闷、不安和愤怒。

二　当你的爱情鸟飞走时，我们应该如何面对？

1. ABC 理论——教你如何直面现实

"众里寻他千百度，蓦然回首，那人依旧对我不屑一顾。"

这是网上非常有名的一个签名档，可谓对失恋的一种自我解嘲。不知道有同样感受的你，看到这里是否会忍俊不禁？

当一个人失恋后，尤其是被拒绝的失恋后，往往会产生悲伤或愤怒的心理，严重者可能会导致自残。为什么我们"寻他千百度"，而当我们为他付出了这么多的爱时，他却"依旧对我不屑一顾"。

这里我们不妨引入 ABC 三个字母，从心理学的角度试着来分析这个现象。我们假设 A 是"我对她表达，她拒绝了我"，C 是"我对此感到非常绝望"。大部分人都会觉得 A 是紧挨着 C 的。没错呀，我对她表白，她却拒绝了我，难道我不应该觉得绝望吗？

没错，的确是这样。但是被拒绝了就一定意味着绝望吗？不是。这是因为 A 和 C 之间还有一个小小的、非常容易被人忽略的 B——我那么爱她，所以她也必须很爱我。

这样，ABC 理论就成立了：A——我对她表白，她拒绝了我；因为 B——我那么爱她，她必须也很爱我；C——可是她拒绝了我，她不爱我，所以我很绝望。我的人生完蛋了。

聪明的同学可能已经看出来了，其实真正的关键就在于 B，你的自我认识。只要改变了你的自我认识，改变了那个小小的 B，一切都会变得不一样。感情是双方的事，爱情不是一颗心去敲打另一颗心，而是两颗心同时撞击而擦出的火花。每个人都有爱与不爱的权利，都有拒绝或接受别人的自由，应该尊重对方的选择。一旦选择了恋爱，就必须接受失恋的可能，你真诚的付出不一定会有回报。失恋虽然失去了一次机会，但是却让你进入了一个充满新的选择机会的世界。"上帝在关闭一扇门的同时，必然为你打开一扇窗。"

2. 酸葡萄与甜柠檬——合理化你的情绪

曾经有一份真挚的爱情摆在我眼前，我没有珍惜。如果上天能够给我一个再来一次的机会，我会对那个女孩子说三个字：我爱你。如果非要在这份爱上加上一个期限，我希望是—— 一万年。

大话西游中的孙悟空在戴上金刚箍前这段深情的表白，让无数人落泪，也成了最广为流传的爱情誓言。然而又有多少人注意到，变回孙大圣的悟空，面对在婚礼上又惊又喜向他跑来的紫霞，第一句话是："小姐，你认错人了吧？"

当面对失恋时，不妨通过自己跟自己辩论，有意识地在头脑中强化理性的信念，如"塞翁失马焉知非福""天涯何处无芳草"等。或者列一张表，罗列一下对方的缺点，以及自己的优点，再加上一点酸葡萄、甜柠檬的心理，相信可以缓解失恋的焦灼和痛苦。哪怕像孙悟空那样，与昔日恋人装作形同陌路，小小地扮一下"失忆"，也可以让你的失恋受伤的心得到哪怕一点点的安慰。

伊索寓言中，吃不到葡萄的狐狸就说葡萄是酸的。这时如果它能吃到柠檬的话，一定会说柠檬是甜的。不管是"酸葡萄"还是"甜柠檬"，都是个人遭受挫折或无法达到所要追求的目标以及行为表现不符合社会规范时，用有利于自己的理由来为自己辩解，将面临的窘迫处境加以文饰，以隐瞒自己的真实动机或愿望，从而为自己进行解脱的一种心理防卫术。在心理学上，这就是所谓的"合理化"作用。合理化作用又叫掩饰作用，是人们运用最多的一种心理防卫机制，其实质是以似是而非的理由证明行动的正确性，掩饰个人的错误或失败，以保持内心的安宁。

3. 或许不是谁的错——多为对方想想

恋爱的时候，你是否有为对方着想过？你们对未来的目标是真正的一致，还只是你一厢情愿的想法？你们的分手，真的只是对方的错吗？你的失恋是如此的痛苦，以至于让你对昔日的恋人恨之入骨了吗？

分手也是一种选择，分手的双方都要真心实意地将选择的权力交给对方，让对方跟自己一起对这段感情负责，这才是恋爱的最终目的。或许你在恋爱的过程中，看似是为对方考虑，其实为自己着想的成分更多一些。结束一段恋爱关系，或许只是因为彼此不合适，而不全是对方的错。不要为追求内心的平静，把错误都归结为对方，设身处地地为别人想一想，也不要过分自责，认为分手都是自己的错，终日自怨自艾，这样有助于理解对方终止恋爱关系的原因，以后重新进行一段新的恋爱关系时也不会再犯同样的错误。

4. 哭吧不是罪——给自己一点空间

在你真的感觉到痛苦的时候，其实不必过分地埋藏和压抑。如果感到积郁实在难以排解，向自己的朋友、心理辅导老师倾诉，寻求社会支持，甚至大哭一场，会轻松很多。将内心的痛苦发泄出来，可以减轻心理压力和内心的烦恼。

人们之所以难以摆脱失恋的困扰，就在于生活的方方面面都已与昔日的恋人发生了千丝万缕的联系。换换环境、暂时离开触动恋爱回忆的景、物、人，把自己主动置身于欢乐、开阔的情境之中，将自己的注意力转移到失恋对象以外的人或事物上。比如积极参加各种活动，与同学交流思想，并从中得到开导和慰藉，投身到大自然中，把自己放到广阔的天地中去等。

这里不得不说的一个问题就是，分手后，有些同学为了减轻痛苦，会马上寻找一段新的浪漫。这种方法在当时看来可以解一时之痛，但从长久来说，这种快速恋情，很有可能再次陷入以前的循环中，因为个体的行为模式相对固定，未曾彻底跳出来之前，其应对方式仍如往昔。给自己足够的时间，放个假，散散心，相信可以调整情绪，汲取经验，避免把冲突带入下一个关系之中。让时间来冲淡一切，才是真正有效的方法。

许多失恋者都说，他们失去了最美好的爱情，再也不会有了，大有"非他不嫁，非她不娶"之势。所谓最美好的爱情是指你对全世界所有异性接触了解后选出你最满意的人，同时对方也最满意你，从而建立起来的爱情。试想，我们才接触多少人，何谓"最"字？给自己多一点选择，给自己多一点时间，不久之后，你们或许就会改变现在的观点，认为现在的爱情比以前更好。

☺ 超级测试

爱情温度计

根据你和另外一半最近交往的情况回答下面八个问题将选项填在（　　）里。A ＝从未发生或极少发生，B ＝偶尔发生，C ＝经常发生。

1. 小小的争执突然变成大吵，彼此凶狠地对骂，翻出陈年旧账（　　）

2. 他/她会批评、轻视我的意见、感受与需求（　　）

3. 我的话语或行为常被他/她误认为带有恶意（　　）

4. 有问题需要解决时，我们似乎总站在敌对的立场（　　）

5. 我不太能告诉他/她我真正的想法与感受（　　）

6. 我会认真幻想着，要是换个伴儿不知是何滋味？（　　）

7. 在这段关系中，我觉得很寂寞（　　）

8. 我们吵架时，总有一方不愿再谈，开始退避或离开现场（　　）

计分与评分方法：

选 A 计 1 分；选 B 计 2 分；选 C 计 3 分，然后将八道题目的总分相加，计算总分。

如果得分 8—12 分，说明你们的恋爱关系还是比较健康的；

如果得分在 13—17 分之间，那就要警惕了，你们的关系可能已经出现明显的矛盾和冲突了，如果不能好好地对待和解决，也许会让你们渐行渐远哦；

如果得分在 18—24 分之间，那你们的关系已经很危险了，几乎处于分手的边缘了，是分是和应该好好思考了。

第五章　想说爱你不容易
——学习

当阳光洒满我床头的时候，我很不情愿地睁开了眼睛。哦，MY GOD！为什么这该死的太阳如此的晃眼啊，要不然我就可以多睡一会儿了，那该有多好啊。想到这里，我懒洋洋地伸个懒腰，向床头望去，那上面摆放着五个闹钟，现在都整齐划一地指向了上午十一点半，唉！

本来是应该早起去上课的，但是我好像这学期以来出勤的时候简直屈指可数啊，没怎么去过课堂，现在仔细一想，这个星期我好像早上还没早起过呢，大家也许会问，"你这么做是为什么呢？"其实原因很简单，不外乎两点：首先，早上待在床上所能够享受到的那种懒觉生活简直是太幸福了；其次，正是因为上一个原因，造成我早晨根本就听不见闹铃的声音，虽然有五个闹钟放在那里，照样地，它们是无济于事的，呵呵。

"学习"——这个话题对于我而言就好像是很遥远的事情了，如同穿越了时空隧道一般，仿佛我学习已经是好几个世纪以前的事情了，一句格言说得好啊，"我不学习已好多年了！"

像这样"很少学习"的大学生在当今的大学校园里是很常见的。因此，本章将会就学习方面的内容和大家来一起探讨一下，聊一聊"学习"这个永恒的主题。

第一节　如何理解学习

☺ *心理之窗*

　　小影刚刚上大学，她特别希望上了大学后，自己能够努力学习，掌握更多的知识和本领，将来可以有份好的工作。所以她每次上课都认真听讲，认真做笔记，可是她发现一个学期下来自己好像什么都没有学到，老师讲得很快，也没有特别清晰的体系，不知道哪些是重点，也不知道该记住什么，考试的时候很多同学突击背书，成绩也没比自己差多少，所以小影非常苦恼，她不知道到底该怎么学了！

　　小影为什么会有这样的苦恼呢？其实这里涉及一个很重要的问题，就是什么是学习，大学的学习和高中的学习还是一回事吗？如果用高中时代的学习观念来对待大学的学习，结果会怎么样呢？

一　何为大学的学习

李超今天早上背了 30 个英语单词；

晚上和几个高中的好友聚餐，重温高中的回忆；

帮自己所在的学生社团发了 100 份宣传单；

上了两节微积分和两节高等数学；

临睡前跟室友卧谈，把班里的男生都八卦了一遍。

　　李超这一天的活动中，你觉得哪些是学习呢？哪些不是呢？为什么？学习分广义和狭义之分，狭义的学习是指通过阅读、听讲、研究、观察、实践等获得知识或技能的过程，是一种使个体可以得到持续变化（知识和技能，方法与过程，情感与价值的改善和升华）的行为方式。而广义的学习是人在生活过程中，通过获得经验而产生的行为或行为潜能的相对持久的行为方式。

　　整体而言，大学的学习属于广义的学习，不再仅仅局限于知识或技能的获得，而是个人基本能力、素质的提升，是思维方式与眼界学识的开阔。上文的小影真的什么都没有学到吗？如果她还用高中的学习标准来衡量自己，记住多少概念，学会几个公式，那大学真的可能是一无所获。大学的学习是广泛的，也是隐性的，即一些学习和成长也许在当下是感觉不到的。从广泛的角度，李超一天都在学习，每一个行为都给她带来了新的经验和成长。但如果从狭义的角度看只有背单词和上课才是学习。

二　大学学习的特点

1. 大学学习的内容具有丰富性

一名大学生所吸收的知识量、所涉及的知识范围，是远远大于高中生的。大学生不仅要学习课堂讲授的和教科书的知识，而且还要学习课外诸多层次的知识，例如人文知识、计算机知识、网络技术、处事技巧等。学习这些知识所用的时间并不亚于课堂学习，它对大学生的意义也不亚于课堂学习，而这些在高中时代不是重点学习的部分。在中学里，主要的学习任务就是应对高考，所学的课程固定，课程涉及范围相对较窄。在大学里，学习的课程门数很多，范围更广，程度更深，每一学期的课程都不相同。

2. 大学学习的方式多元化

高中学习的主要方式就是听课和练习，而在大学阶段很少有习题可做，而且很难找到一种主流的学习方式。也许在图书馆阅读或者听一场非常好的讲座和上课好好听讲的价值是一样的，大学的学习可以通过各种方式展开。最主要的是上大学后更多的是自主学习。中学无论是上课还是课余，往往都会有老师或父母监督着你，而来到大学，上课和下课监督几乎没有，自己可支配的时间比较多，上课的自由度也比较大，所以更多的是自主学习。然而，自主学习并不意味着不学习或是少学习，而是在学习上更加自觉。也有很多人的前程恰恰断送在了这"自主学习"上，因为他们自制力差，离开了老师父母，不会自己学习。所以大家一定要适应大学自由的学习氛围，有计划、有目的地学习。

3. 学习的目标具有多样性

如果说高中的学习目标，那是非常明确的，就是"高考"。那么大学的学习目标是什么呢？如果非要做一个总结，也许大学的学习目标就是理想就业。可是好好学习了就一定能理想就业吗？理想就业的前提和条件都有什么呢？高考需要的是掌握好各科知识，而理想就业需要具备的则是方方面面的能力，这也就注定了大学的学习目的是多样化的。要学好专业课，具备良好的专业素养；要学会与人相处，具备良好的沟通能力；要学会管理压力和调节情绪，形成健康的心理素质……

4. 学习的价值长远化、隐性化

相比于高中，大学有时候会觉得学了也没什么用处，学习的价值和意义没有那么突出和明显。很多上了大学的同学就觉得总是学习没有必要了，成绩好不一定能找到好的工作，成绩好也不代表就真的优秀，只要别挂科，能拿到毕业证就行，以后就业只看证书不看你在大学里的成绩咋样。即使想考研，到大三再去准备也足够了。这些想法的原因就是觉得学好了也没什么用，最多拿个奖学金啥的。大学阶段是不断积累知识、完善自己的阶段，学习的价值不会立竿见影，只有将来工作了也许才会意识到当初的学习依然是很重要的。

☺ 心域行走

一　阅读下面的材料，谈谈你对大学学习的看法以及你会选择哪类人。

大学里的几类人

1. 学霸达人

大学中有这么一群人：他们重复着高中生活，日出而出，日落而回。他们的生活变成了"教室—食堂—图书馆—宿舍"四点一线，每天做着课本上大家认为单调无趣的习题、外加买的习题，他们将课本知识弄得烂熟、烂透。大家认为他们的生活又回到了高中，没有一点乐趣；认为他们是书呆子，但是一到考试，他们便"成为焦点"，国家奖学金、一等奖学金是他们的零花钱。大学毕业之后平平稳稳地继续读研究生。

2. 社交达人

大学中有这么一群人：他们激情澎湃，他们斗志昂扬，学生会、社团等等各种活动中都有他们的身影，他们做了部员、部长、副主席、主席，他们拿学生会当成锻炼的地方，每一个小小的机会、每一次锻炼的活动都为之付出许多许多。在学校里每个学院、每个系的人他们都认识很多很多，由此他们的人脉很宽，毕业之后朋友遍天下。就这样他们毕业了，毕业后他们继续着大学的激情，不错过任何机会，努力开创自己的事业，不出几年略有名声。

3. 游戏达人

学校中有这么一群人：他们认为来了大学就来了天堂，没有了母亲"讨厌逆耳"的唠叨，认为大学是他们"自由飞翔"的地方，是他们去做高中没有自由、精力去做的事情的地方。宿舍是他们唯一活动的地方，电脑成了他们生活的全部，CS、CF、魔兽等是他们每天主要的事情，课堂对他们来说变得那么陌生，挂科成了家常便饭。就这样在毕业的时候他们两手空空走出大学之门，手里什么也没有，包括毕业证书。

4. 恋爱达人

大学中有这么一群人：他们来到大学为了摆脱寂寞、为了满足虚荣、为了找到一个共同奋斗的伴侣、为了……终于费尽百般努力后找到一个伴侣。于是情侣的事情成了他们的所有，他们每天黏在一起，做着别人"羡慕""嫉妒"的事情，就这样两个人怀着美好的憧憬、梦想到了毕业的时候，可以你情我愿地比翼双习，当然他们的未来常常会事与愿违。

5. 赚钱达人

大学中有这么一群人：他们忙于兼职，忙于各种代理，将赚钱当成乐趣，把接触不同的工作当成是每一个历练的机会，兼职占去了他们大部分时间，他们有时候也在思考这样做值不值得，就这样思考着、思考着就毕业了。

二 同样是做事，差别怎么这么大呢？

1. 自习

上午9:00到12:00，李军在学校教学楼的五层考研自习室自习。李军的考研目标是人民大学的行政管理专业，他觉得自己一定是要考研的，虽然考人大很难，行政管理竞争很激烈，但他还是决定试试，他觉得即使最后考不上，考研的过程也是不断提高自我的一种历练。

上午9:00到12:00，张明在学校教学楼的五层考研自习室自习。张明的考研目标是人民大学的行政管理专业，可是自习的时候他根本看不下去书，总觉得心里没底，一会儿觉得自己有希望，一会儿又觉得肯定考不上，越想越烦，复习的效率很差，很快一个上午过去了，张明好像什么都没学到。

2. 社团

晚上9:00李军所在的学生社团有一个小型例会。尽管李军已经大三，但他并没有像绝大多数大三的学生那样退出学生社团专心考研，而是当了社团的负责人。会议中，李军总结并安排了近期工作，他有条不紊地将每一项工作布置下去，确保工作顺利开展。

晚上9:00张明所在的学生社团有一个小型例会。张明已经大三了，他觉得社团的事情没有任何的价值和意义，但是团委要求必须大三的人才能当负责人，这又给张明带来了机会，他还是想试试当负责人的感觉。只是觉得这多么耽误准备考研啊，每天还要花时间在这种事情上，这让张明觉得非常焦虑。结果社团在张明的带领下出了很多问题，工作氛围在每况愈下，团委的老师很不满意，已经跟张明谈过两次了。

比较一下前后两种情况有什么不同？李军和张明在心态上有什么不同？结合这种对比谈谈你对大学学习的看法。

☺ 超级测试

IQ 测试

智商（IQ），通俗地可以理解为智力，是指数字、空间、逻辑、词汇、创造、记忆等能力，它是德国心理学家施特恩在 1912 年提出的。智商表示人的聪明程度，智商越高，则表示越聪明。你想检验自己的智商是多少吗？这并不困难，以下就是一例国内较权威的 IQ 测试题，请在 30 分钟内完成（30 题），之后你会知道自己是天才还是白痴了。（后文附有答案，最好先做完题，再对答案）

1. 选出不同类的一项（　　）

    A. 蛇   B. 大树   C. 老虎

2. 在下列分数中，选出不同类的一项（　　）

    A. 3/5   B. 3/7   C. 3/9

3. 男孩对男子，正如女孩对（　　）

　　A. 青年　　　　　　　B. 孩子　　　　　　　　C. 夫人

　　D. 姑娘　　　　　　　E. 妇女

4. 如果笔相对于写字，那么书相对于（　　）

　　A. 娱乐　　　　　　　B. 阅读

　　C. 学文化　　　　　　D. 解除疲劳

5. 马之于马厩，正如人之于（　　）

　　A. 牛棚　　　　　　　B. 马车　　　　　　　　C. 房屋

　　D. 农场　　　　　　　E 楼房

6. 2　8　14　20　（　　），请写出"（　　）"处的数字

7. 下列四个词是否可以组成一个正确的句子（　　）

生活　水里　鱼　在

　　A. 是　　　　　　　　B. 否

8. 下列六个词是否可以组成一个正确的句子（　　）

球棒　　的　　用来　　是　　棒球　　打

　　A. 是　　　　　　　　B. 否

9. 动物学家与社会学家相对应，正如动物与（　　）相对

　　A. 人类　　　　　　　B. 问题

　　C. 社会　　　　　　　D. 社会学

10. 如果所有的妇女都有大衣，那么漂亮的妇女会有（　　）

　　A. 更多的大衣　　　　B. 时髦的大衣

　　C. 大衣　　　　　　　D. 昂贵的大衣

11. 1　3　2　4　6　5　7　（　　），请写出"（　　）"处的数字

12. 南之于西北，正如西之于（　　）

　　A. 西北　　　　　　　B. 东北

　　C. 西南　　　　　　　D. 东南

13. 找出不同类的一项（　　）

　　A. 铁锅　　　　　　　B. 小勺

　　C. 米饭　　　　　　　D. 碟子

14. 9　7　8　6　7　5　（　　），请写出"（　　）"处的数字

15. 找出不同类的一项（　　）

　　A. 写字台　　　　　　B. 沙发

C. 电视   D. 桌布

16. 961（25）432 932（　）731，请写出（　）内的数字

17. 选项 ABCD 中，哪一个应该填在"XOOOOXXOOOXXX"后面（　）中

    A. XOO   B. OO

    C. OOX   D OXX

18. 望子成龙的家长往往（　）苗助长

    A. 揠   B. 堰   C. 偃

19. 填上空缺的词：

    金黄的头发（黄山）刀山火海

    赞美人生（　）卫国战争

20. 选出不同类的一项（　）

    A. 地板   B. 壁橱

    C. 窗户   D. 窗帘

21. 1　8　27　（　），请写出（　）内的数字。

22. 填上空缺的词：

    罄竹难书（书法）无法无天

    作奸犯科（　）教学相长

23. 在括号内填上一个字，使其与括号前的字组成一个词，同时又与括号后的字也能组成一个词：

款（　）样

24. 填入空缺的数字：

    16（96）12

    10（　）7.5

25. 找出不同类的一项（　）

    A. 斑马   B. 军马   C. 赛马

    D. 骏马   E. 驸马

26. 在括号内填上一个字，使其与括号前的字组成一个词，同时又与括号后的字也能组成一个词：

祭（　）定

27. 在括号内填上一个字，使之既有前一个词的意思，又可以与后一个词组成词组：

头部（　）震荡

28. 填入空缺的数字：
65　37　17　（　）

29. 填入空缺的数字：
41　(28)　27　83　（　）　65

30. 填上空缺的字母：
CFI　DHL　EJ（　）

计分与评分方法：

每题答对得5分，答错不得分，共30题，总分150分。

结果分析：按照国际标准，人们对智力水平高低通常进行下列分类：

智商在140以上者称为天才；

120—140之间为最优秀；100—120之间为优秀；

90—100之间为常才；80—90之间为次正常

70—80为临界正常；60—70为智力落后

50—60为愚钝；20—25为痴鲁；25以下为白痴

标准答案：

1. B	2. C	3. E	4. B	5. C	6. 26
7. A	8. A	9. A	10. C	11. 9	12. B
13. C	14. 6	15. D	16. 25	17. B	18. A
19. 美国	20. D	21. 58	22. 科学	23. 式	24. 60
25. E	26. 奠	27. 脑	28. 5	29. 29	30. O

第二节　大学生学习现状

☺ 心理之窗

大话西游：逃课需要理由吗？需要吗？不需要吗？

南极人广告：地球人都逃！

大宝广告：逃课？明天咱也逃一回试试去啊！

乐百事广告：今天，你逃了没有？

蓝天六必治：牙好，胃口就好，身体倍儿棒，逃课倍儿快！

脑白金：今年咱们不上课，上课全去校门外！

高露洁：我们的目标是——没人上课！

汇源肾宝：你逃，我也逃！

海尔广告：海尔，逃课到永远！

这是一个比较搞笑的小段子，但同时也反映出很多大学生学习的状态：不愿意上课、经常逃课、厌学情绪明显。大学生的学习状况值得担心，也值得我们认真思考。

一 大学生常见的学习问题

当今时代瞬息万变，社会竞争异常激烈，往往很多人在学习了多年之后，仍然很难找到一个自己称心的归宿，所以，社会上便开始流传着新的"学习无用论"，宣扬学习无用，要依靠其他的方面来代替学习帮助自己取得成功。大学校园里"翘课"似乎也不再是一个隐蔽的话题了，所谓"必修课选逃，选修课必逃"的说法经久不衰，一直都很流行，这说明了什么呢？

1. 学习目标不明确

上大学的目标实现了，下一个目标是什么？没有现实、可行、明确的目标是一些大学生感到茫然的最主要原因。没有使命感的人生是彷徨的人生，可惜很多人最终都没能走出这份彷徨。进入大学后，许多同学在心理上都开始解放，开始做以前想做但没有时间做的事情，这样意志慢慢被时光所消磨，精神也慢慢被侵蚀。总有人这样说："我的心里除了看书这个所谓的学习外，再也没有其他的任何东西了。周围发生的一切，我都当是不知道，反正也不关我的事。也许学习才是我最重要的。但是我总觉得缺少什么，我也不知道我存在的价值是什么？不知道自己为什么要学这些，学这些以后有什么用，所以很多人就这样没有了学习目标，在迷茫中懈怠了。"

2. 学习动力不足

进入大学前以考入理想大学是唯一的学习目标，学习动机非常强烈，属于近景性学习动机。很多同学一旦考上大学，实现近景目标，就进入了"动力真空带"，出现厌学情绪。此外，进入大学前由于繁重的学业负担，没有时间和精力培养自己的特长和业余爱好，进入大学后，学生自由支配的时间相对较多，于是就花大量的时间和精力去锻炼自己在其他方面的兴趣爱好，从而对学习失去了应有的兴趣。

大学前后的教学模式有很大的差别，入大学前的教学主要以教师讲授为主，学生的学习活动相对比较被动且有章可循；而大学的教学着重培养学生的自学能力以及学习的兴趣，要求学生具有独立思考和研究学习的自觉性。大学里课程门类多、课时多，教师讲课又不拘泥于一本教材。这样一来，对于依旧沿着中学的思维模式和学习方法进行学习的学生便产生了学习适应困难。此外，大学教师与学生课后对话少，疑难问题得不到及时解答，致使疑难问题越来越多，部分学生无法听懂授课内容而产生苦恼，对学习失去信心。

专业思想动摇，对自己的专业学习失去信心。学生在入校前，填报志愿非常茫然，有相当一部分学生就读的专业并非自己所选择的理想志愿，对所学专业、发展目标、就业前景等了解甚少或者一无所知，更谈不上热爱自己的专业和学习了，所以在学习上常显得茫然和被动。

就业的困扰。在社会需求与往年基本持平的背景下，高校毕业生面临的就业压力也越来越严峻。有调查显示，部分大学生比较普遍地认为自己在大学中并没有掌握实用的知识，埋怨学校没有教会他们更多适应市场所需要的技巧和能力，因此极易产生茫然、不知所措的消极情绪。

3. 沉迷于网络

随着计算机的普及和社会网络化的不断发展，网上生活也已成为大学生业余生活的重要部分。网络生活对大学生的思维方式和行为模式产生了极大的影响。网络是一把"双刃剑"，它开阔了大学生的视野，使他们在尽情享受高科技带来的前所未有的便利和丰富生活的同时，也在思维方法、价值观念、行为方式、个人成长等方面受到了一些负面影响和冲击。网络对大学生的危害主要是：色情、暴力、游戏和赌博；网络依赖；人格退缩、自我迷失；焦虑、失眠和学习恐惧等。网络带来的负面影响导致大学生的成绩严重下滑、不能正常继续学业、严重阻碍大学生的健康成长。调查显示：近几年高校在对学生做退学警告、留校察看、退学等学籍的处分中，有近80%的学生是因过度迷恋网络而导致学习成绩下降，有86%的学生因网络成瘾导致学业荒废而被退学。沉迷网络游戏已经成为大学生健康成长道路上的一个拦路虎。

4. 学习态度不正确：先玩后学。

一个人做到早睡早起不难，但在一群晚睡晚起的人中早睡早起就很难。没人陪你占座,没人陪你看书,没人陪你写作业。在大学里学习的人常常是孤独的。本来想学习的人,看到同宿舍的伙伴在贪睡,就会想再睡一会儿,就这样本应该拿来学习的时间却被睡觉代替了。对认知能力、自制能力都不够的大学生来说,很容易因为从众而陷入"集体不学习"的模式中。他们不想因为太爱学习,而让自己显得特立独行,被同学嘲笑。

5. 学习方式不正确

学习方法对头,往往能收到事半功倍的成效。不过,经过调查发现,不少大学生的学习方式都存在一定的问题,有待改善。很多同学沿用过去学习的老方法,没有找到适应大学学习内容、学习特点的方法和策略,产生了一些学习心理问题。

二 大学学习的特点

正确地认识大学的学习特点,将有助于更好地适应大学的生活,提高学习效率。

1. 自主性。自觉主动地学习是大学学习的最大特点。大学老师教学不再把完整的知识体系全部灌输给你,而是引导你自己学习,老师变成了你的学习伙伴和点拨者。自学能力的高低成为影响学生学业成绩和未来发展的重要因素。要学会逐渐地摆脱对老师的依赖,树立自主学习观念,培养自主学习能力。学会学习是现在和将来都必须具备的最重要的能力。

2. 专业性较强。大学学习内容是围绕着专业的方向和需要展开的,不同专业的学习内容不一样,以专业技能为主。当你考进大学后就开始在某一专门领域进行深入的学习,严格按照行业和企业要求的知识技能培养目标不断努力,最终使自己成为行业或企业需要的专业型、应用型人才。

3. 实践能力和综合能力的培养。大学学习的知识和技能主要是为了指导实践,服务实践。因此,学习中有大量的实验、实习、技能操作、培训等内容,具有知识量较大,专业性较强,对操作技能要求较高,实习实训非常多等特点。当今社会越来越需要复合型人才,既要精通一个专业或行业的知识和技术,还要了解相关专业和技术,兼具丰富的学科知识结构。更要有较高的文化艺术素养和良好的心理素质。如果局限于狭小的专业知识领域里，就不能很好地适应社会的各种需要，最终会被社会淘汰。所以，在大学里学习文化基础课，广泛地猎取各种知识，汲取各种信息是非常重要的。

☺ 超级测试

学习动力的自我诊断量表

这是一份关于学习动力的自我诊断量表，一共有 20 个问题，请你根据自己的实际情况，逐一对每个问题做"是"或"否"的回答，为了保证测验的准确性，请你认真作答。

1. 如果别人不督促你，你极少主动地学习？（　　）
2. 你一读书就觉得疲劳与厌烦，只想睡觉？（　　）
3. 当你读书时，需要很长的时间才能提起精神？（　　）
4. 除了老师指定的作业外，你不想再多看书？（　　）
5. 在学习中遇到不懂的知识，你根本不想设法弄懂它？（　　）
6. 你常想：自己不用花太多的时间，成绩也会超过别人？（　　）
7. 你迫切希望自己在短时间内就能大幅度提高自己的学习成绩？（　　）
8. 你常为短时间内成绩没能提高而烦恼不已？（　　）
9. 为了及时完成某项作业，你宁愿废寝忘食、通宵达旦？（　　）
10. 为了把功课学好，你放弃了许多你感兴趣的活动，如体育锻炼、看电影与郊游等？（　　）
11. 你觉得读书没意思，想去找个工作做？（　　）
12. 你常认为课本上的基础知识没啥好学的，只有看高深的理论、读大部头作品才带劲？（　　）
13. 你平时只在喜欢的科目上狠下功夫，对不喜欢的科目则放任自流？（　　）
14. 你花在课外读物上的时间比花在教科书上的时间要多得多？（　　）
15. 你把自己的时间平均分配在各科上？（　　）
16. 你给自己定下的学习目标，多数因做不到而不得不放弃？（　　）

17. 你几乎毫不费力就实现了你的学习目标？（　）

18. 你总是同时为实现好几个学习目标而忙得焦头烂额？（　）

19. 为了应付每天的学习任务，你已经感到力不从心？（　）

20. 为了实现一个大目标，你不再给自己制订循序渐进的小目标？（　）

计分与评分方法：

上述 20 道题目可分成 4 组，它们分别测查你在四个方面的困扰程度：

1—5 题测查你的学习动机是不是太弱；

6—10 题测查你的学习动机是不是太强；

11—15 题测查你的学习兴趣是否存在困扰；

16—20 题测查你在学习目标上是否存在困扰。

假如你对某组（每组 5 题）中大多数题目持认同的态度，则一般说明你在相应的学习欲望上存在一些不够正确的认识，或存在一定程度的困扰。

从总体上讲，选"是"计 1 分，选"否"计 0 分，将各题得分相加，算出总分。

总分在 0—5 分，说明学习动机上有少许问题，必要时可调整。

总分在 6—10 分，说明学习动机上有一定的问题和困扰，可调整。

总分在 14—20 分，说明学习动机上有严重的问题和困扰，须调整。

第三节　一寸光阴一寸金
——时间管理的策略

☺ 心理之窗

亲爱的大学生朋友们，请想象一下，我们每天早上醒来的时候，有一家银行，是很特殊的银行噢，它会向我们每一个人的一个专有账户上打入 8.64 万元的存款，这些钱任你支配，你在这一天里可以随心所欲地想用多少就用多少，用途不限，干什么都可以，但是有一点，用剩下的钱不能够留到第二天再去用，也不能节余归你所有；而且前一天的钱你是用光也好，分文不取也罢，过期通通作废，到了第二天的时候，你的账户上又将会有足额的 8.64 万元的现金等着你来花。说到这里，想必大家十有八九都猜着了，没错，那家"银行"就是"时间银行"，你每天都会从那里得到 8.64 万秒钟，这些都随你使用，而如果你闲置不用，它们也是过期作废，一秒钟也不会多留下来，永远都不会回来的。可见，时间对于我们的人生是多么的重要啊！

一　时间管理的定义

关于时间管理，是一直备受关注的一个话题，大家一致认为时间管理倾向（Time Management Disposition）是一种人格特征，反映了人们对待时间的态度和价值观念，是个体在运用时间方式上所表现出来的心理和行为特征，它由时间价值感、时间监控观和时间效能感构成。时间价值感是指个体对时间的功能和价值的稳定的态度和观念；时间效能感是指个体对自己驾驭时间的信念和预期，反映了个体对时间管理的信心以及对自身时间管理行为能力的估计；时间监控观是个体利用和运筹时间的能力和观念，它体现在一系列外显的活动中。

现代的时间管理实则就是对我们人自身的管理，通过科学的计划组织，提高自己的学习效率，是向时间要成绩的重要步骤。一般情况下，作为大学生只重视学习成绩的好坏而相对忽略对时间利用的绩效的作用，因为前者更容易见到成果，也比较容易进行量化和衡量，但是我们绝不要忽略了这一切活动中的主导因素是人自身，方法的制订和执行都是由我们自己决定的，在策略得当的前提下，如果能够对人这个执行者进行科学有效的时间管控，指导其在有限的时间内依据任务的轻重缓急来逐一予以解决，将会大大提高现有的学习水平，并最终产生最佳的学习成绩。

二　大学生时间管理现状及常见问题

（一）大学生时间管理常见的问题

具体来说，大学生的不良时间管理倾向主要表现为以下几种情况：

1. 存在比较普遍的时间浪费现象

某大四学生的临毕业感言：

其一，没事睡觉，浪费时间。

其二，沉迷网络，打网络游戏，浪费时间。

其三，和同学打牌，浪费时间。

其四，没事发呆，浪费时间。

其五，花太多时间学习了无关前途的课程，又浪费时间。

其六，老是一遍又一遍地看同一本书或同一部电影，又浪费时间。

其七，基础不行，老上外语角练口语，又浪费时间。

其八，追求一个不可能追得上的 MM，又浪费时间。

其九，报考一个不可能考得上的研究生，又浪费时间。

其十，看过多不该看的影音作品，都是垃圾，结果又浪费时间。

2. 时间管理的计划性和监控性较差

计划性是青少年时间管理倾向中最重要的因素，具有最高的贡献率。青少年在生活、学习中都会有一定的目标，以及为达到目标而做的一系列活动安排和时间分配等，这一点在学生单纯的以学习为主的活动中显得更为突出，这些都属于一种计划。但是由于大学里学生自由支配、发展的时间比中学阶段要多很多，突然面对这么多可以自由支配的时间，学生很容易不知所措。说到初入大学的感受，一位新生这样描述："觉得太闲了，每天都不知道做什么，基本上每天只有半天的课，然后就是干巴巴地坐在宿舍等着食堂开饭、等着宿舍熄灯睡觉。"

同时，大学阶段不再只是单纯的学校学习，各种活动增多，使得大学生在时间管理上更难以把握。特别是对各种活动的时间分配与计划，很多情况下还是随机的、随意的。另外，很多同学即使制订了详细的时间表，但是对于计划实施的自制能力却比较弱，出现"言行不统一、知行脱节"的现象。

3. 重视时间的普遍性比较缺乏

时间价值观因素是评价时间的心理倾向系统，它充分体现出了青少年对时间重要性的认识，时间的重要性已得到了大学生的普遍认可。因为随着年龄的发展，大学阶段的学生自我意识渐趋完善，具有很强烈的独立自主、谋求发展的需求，这使得大学生更珍视时间的价值，对时间的认识更加清晰、具体。但是，这种重视时间的时间价值感只有在面临具体事情时，才更容易对学生的行为监控有一定的指导意义，比如英语四级考试快要开始了，就会争分夺秒地看书。而一旦离开具体情景，面前没有具体的任务要完成的时候，又很难避免重蹈"忽视时间价值"

的覆辙。

4. 利用时间的效率有待于进一步提高

林伟是某高校大三的学生，总是怀疑自己的注意力有问题。因为他发现自己上一个晚上自习，却只能记住很少的东西，平时做别的事情也一样，别人需要一个小时完成的作业，他却需要半天。因为这样林伟每天都觉得自己忙忙碌碌，总有做不完的事情，觉得每天焦头烂额的，异常烦躁。最后，实在忍受不了自己的忙碌，林伟到学校的心理咨询室寻求帮助，并认为自己的注意力比别人差，希望心理咨询师帮助其提高注意力。

林某真的是注意力存在问题吗？经过咨询师的详细询问，发现林某已经养成了做事三心二意的习惯，电脑一开，先上 QQ 和 BBS，边写作业边聊天。在自习室里也一样，根本坐不住。一个晚上的自习至少要从教室里出来进去五六回，实在没有理由出去的时候就选择上厕所，这肯定大大影响了时间的利用效率。

大学生时间利用效率较低除了上述因素，还可能是没有分清不同事件的紧迫性和重要性的区别，而是采取了一视同仁的做法。日常事务有紧急性与重要性两重属性，凡是与目标有关的活动，能创造成果的，有利于组织和个人目标实现的就是重要的；凡是必须得到及时处理，否则就会出现不利后果的事件就是紧急的。相比较而言，重要性优先于紧急性。在我们平时的学习当中，可能有无数的事情要做，上课听讲，做笔记，教材和辅导书的采购，探讨问题，选修课⋯⋯倘若分不清主次，抓小放大，就如同捡了芝麻丢西瓜，得不偿失。因此必须学会分辨什么是最重要的事，首先去把最重要的事情完成再考虑去做一些别的事情。德鲁克曾指出："我还没有碰到过哪位高人可以同时处理两个以上的任务，并且仍然保持高效。"当然，这是指学习的专一性而言的，一心不可以二用。

（二）时间管理的几个策略

管理时间就是管理我们的行为，归根结底还是要管理我们的情绪与思维。有研究表明，时间管理倾向的各维度包括时间的利用效率与积极情绪存在显著正相关，而与消极情绪存在显著负相关（张志杰、黄希庭等，2001）。即学生存在更多的消极情绪体验时，时间管理的水平就会下降。所以对于学生提高时间利用效率的问题，应该更多的从心理层面入手，而不是单纯地教会学生如何利用时间。

进行时间管理的另一个关键问题是要学会统筹安排，要合理调配现有资源，在最短时间内做得更多。根据统筹学的原理，很多事件进程同步规划的差异会导致完全不同的结果。在此，我们以做饭这样一个简单的过程来进行分析，晓萌在淘米、洗菜、切肉等一应准备活动完毕之后生火煮饭，耗时一个小时；而晓风却首先淘米煮饭，然后在煮饭的同时洗菜、切肉，耗时三十分钟，二者效率高低不言自明。

最后，对于一些专业性较强的大学生朋友来说，由于乱事缠身或专业学习的特殊性质，他们可能需要一段不受干扰的时间去做出正确决策以及唤醒灵感，而这个过程在日常学习中这是不可能完成的。高效率的学习不能在进行的过程中总是被打断，因为每次被迫中断，都会需要更长的时间才能重新进入深度思考。例如，比尔·盖茨号称每年都会有几周时间处于完全封闭状态，完全脱离日常事务烦扰，从而静心思考一些至关重要的问题。大学生也应该为自己多创造安静、不被打扰的学习环境，才能提高学习效率，更好的掌控时间。

☺ 心域行走

一 案例讨论

小丁是一位来自山区、家庭经济困难的大学生，学业成绩一直非常优异。刚上大学时，小丁和其他人一样，对大学抱有憧憬和新鲜感。上了几天课以后，小丁发现，比起高中繁重的学业来说，大学实在是太"闲"了。不仅课程安排得不那么紧，老师讲完课，也不留作业，更没有人管你去不去自习。他忽然感到心中茫然，学习没有动力，生活没有目标，他时常流连于网吧，但想到辍学在家的妹妹和年迈的父母又会无比自责，他很苦恼，但是不知道如何才能摆脱这种状态。

请以小组为单位进行讨论，讨论时要注意倾听别人的观点，学习从不同的角度思考问题，避免对他人的观点进行批评和指责。最后，每个小组选派代表将大家的观点总结后，在班级进行分享。

1. 读了小丁的故事，你理解他的感受吗？你有过这样的感受吗？

2. 你有什么好的办法帮助小丁走出目前的状况？

二　一分钟价值

生命是由每分每秒组成的，抓紧有限的学习时间就要从珍惜每一分每一秒开始。下面这个活动就是让同学位看到一分钟的价值，利用好每一分钟，在有限的时间里创造出其应有的价值。

活动内容：

1. 分组，每小组5—6人，选出小组长，记录员。

2. 主持人提出讨论的问题：一分钟能做多少事。

3. 小组讨论。

4. 每组派一名代表进行全班交流。

老师应尽可能激发学生对一分钟价值的挖掘，让他们重新认识日常生活学习中的每一分钟。然后讨论下面两个问题：

1. 在这个活动中，你最大的收获是什么？

2. 在今后的学习中你会做出怎样的改变？

☺ 超级测试

时间管理的有效性自我判定量表

请你根据日常学习与生活中对待时间的方式与态度，在以下题目中选择最适合你的一种答案。

1. 星期天，早晨醒来时发现外面正在下雨，而且天气阴沉，你会怎么办？（　）

    A. 接着再睡

    B. 仍在床上逗留

    C. 按照生活规律，穿衣起床

2. 吃完早饭，上课之前，你还有一段自由时间，怎样利用？（　）

    A. 无所事事，不知不觉地过去了

    B. 准备学点什么，但不知道学什么好

    C. 按预订好的学习计划进行，充分利用

3. 除每天上课外，对所学的各门课程，在课余时间里怎样安排？（　）

    A. 没有任何学习计划，随心所欲

B. 按照自己最大的能力来安排复习、作业、预习，并紧张地学习

C. 按照当天所学的课程和明天要学的内容制订计划，严格有序地学习

4. 每天晚上怎样安排第二天的学习时间？（ ）

A. 不考虑

B. 心中和口头做些安排

C. 书面写出

5. 为自己拟定了"每日学习计划表"，并严格执行。（ ）

A. 很少如此　　　B. 有时如此　　　C. 经常如此

6. 每天的作息时间表有一定的灵活性，以便留出一定时间去应付预料不到的事情。（ ）

A. 很少如此　　　B. 有时如此　　　C. 经常如此

7. 当你学习忙得不可开交，而又感到有点力不从心时，你会怎样处理？（ ）

A. 开始泄气，认为自己笨，自暴自弃

B. 有干劲和用不完的精力，但又感到时间太少，仍拼命学习

C. 每天花时间分析检查自己的学习时间分配是否合理，找出合理安排学习时间的方法，在有限时间里提高学习效率

8. 在学习时，常常被人干扰打断，你怎么办？（ ）

A. 听之任之

B. 抱怨，毫无办法

C. 采取措施防止外界干扰

9. 学习效率不高时，你怎么办？（ ）

A. 强打精神，坚持学习

B. 休息一下，活动活动，轻松一下，以利再战

C. 把学习暂停下来，转换一下兴奋中心，待效率最佳的时刻到来，再高效率学习

10. 阅读课外书籍，怎样进行？（ ）

A. 无明确目的，见什么看什么，并常读出声来

B. 能一边阅读一边选择

C. 目的明确阅读快速，加强阅读能力

11. 你喜欢什么样的生活？（　　）

　　A. 按部就班，平静如水

　　B. 急急忙忙，精神紧张

　　C. 轻松愉快，节奏明快

12. 你的手表或书房的闹钟经常处于什么状态？（　　）

　　A. 常常慢　　　　B. 比较准确　　　　C. 比标准时间快一点

13. 你的书桌井然有序吗？（　　）

　　A. 很少如此　　　B. 偶尔如此　　　　C. 常常如此

14. 你经常反省自己处理时间的方法吗？（　　）

　　A. 很少如此　　　B. 偶尔如此　　　　C. 常常如此

计分与评分方法：

选择 A 得 1 分，选择 B 得 2 分，选择 C 得 3 分。请将你的各个题的得分加起来，然后根据下面的评析判断出自己时间管理能力和水平。

35—45 分，有很强的时间管理能力。在时间管理上，是一个成功者，不仅时间观念强，而且还能有目的、有计划、合理有效地安排学习和生活时间，时间的利用率高，学习效果良好。

25—34 分，善于对时间进行自我管理，时间管理能力较强，有较强的时间观念，但是，在时间的安排和使用方法上还有待进一步提高。

15—24 分，时间自我管理能力一般，在时间的安排和使用上缺乏目的性，计划性也较差，时间观念较淡薄。

14 分以下，不善于时间管理，时间观念淡薄，不能合理地安排和支配学习、生活时间，需要好好地训练，逐渐掌握时间管理的技巧。

第六章　做情绪的主人

——情绪管理

教授授课的第一天，他给自己的学生一份乐谱。"试试看吧！"他说。乐谱难度颇高，学生弹得生涩僵滞、错误百出。"还不熟悉，回去好好练习吧！"下课时，教授叮嘱学生。

学生练了一个星期，第二周上课时正准备让教授验收，没想到教授又给他一份难度更高的乐谱，"试试看吧！"上星期的课，教授提也没提。学生再次挣扎于更高难度的技巧挑战。第三周，更难的乐谱又出现了。同样的情形持续了好几个星期，学生每次在课堂上都被一份新的乐谱所困扰，然后把它带回去练习，接着再回到课堂上，重新面临两倍难度的乐谱，却怎么样都追不上进度，学生感到越来越不安、沮丧和气馁。

新的一周的课开始了，教授从容不迫地走进了练习室。学生再也忍不住了，他必须让教授知道这三个月来自己练习的艰难。教授没开口，他抽出了最早的那份乐谱，交给学生。"弹奏吧！"他以坚定的目光望着学生。

学生犹疑着拿起了乐谱，开始演奏。不可思议的结果发生了，连学生自己都惊讶万分，他居然可以将这首曲子弹奏得如此美妙，如此精湛！教授又让学生试了第二堂课的乐谱，学生依然呈现超高水准……演奏结束，学生怔怔地看着老师，说不出话来。

从这位学生开始练琴到最后弹出高水平的曲子，他的心情是随时变化的，本来只是觉得心情跌到谷底，慢慢开始沮丧，到最后惊喜得说不出话来。这是一个人情绪的不同的表现。那究竟什么是情绪呢？下面就让我们走进情绪的殿堂。

第一节　认识情绪

☺ *心理之窗*

据说，古希腊哲人苏格拉底的妻子任性而暴躁，缺乏文化修养，经常当众给丈夫难堪。一次，苏格拉底正与客人交谈，这位夫人突然闯进来，大骂苏格拉底一通，又拿来一桶水泼到苏格拉底身上。客人们目瞪口呆，愕然不知所措。苏格拉底的难堪和尴尬以及由此引发的愤怒可想而知。可是，只见他愣了一下，随即诙谐一笑说："我知道打雷之后必定有一场大雨。"一阵笑声使这个突发事件造成的窘迫和紧张气氛烟消云散。客人被其非凡的修养、机智和幽默所折服，赞叹不已。

苏格拉底以幽默的方式将愤怒的情绪转变成为快乐的笑声，你想知道其中的缘由吗？你想了解更多关于情绪的常识吗？

一　情绪的定义

人在认识世界、改造世界的过程中，不是无动于衷的。俗语说："人非草木，孰能无情？"人在感觉、知觉、记忆、想象、思维时，总伴有欢乐、悲伤、厌恶、愤怒和恐惧等情绪体验。情绪和情感是人对客观事物的态度体验及相应的行为反应。由主观体验、外部表现和生理唤醒三部分组成。因此，情绪最能表达人的内心状态，可以说它是人的心理状态的晴雨表。

情绪对人具有非常重要的价值，没有不好的情绪，只有不被尊重的情绪。对于情绪，我们只需要坐在河畔，在每一种情绪浮出水面、缓缓流过并最终消失的过程当中识别它们，当一种不愉快的情绪爬上心头时，我们也许想要把它驱逐出内心，但更有效的做法是放下对这种情绪的执着而仅仅是观察它，然后静静地辨认出这种情绪，说出这种情绪的名字，比如"愤怒""悲伤""喜悦"或"快乐"，这有助于我们更清晰地辨认出情绪，并在内心更深处接纳它的存在。

二 情绪的类型

1. 基本情绪与复合情绪

近年来，西方情绪心理学中的一派倾向于把情绪进行分类。伊扎德确定基本情绪的标准为：基本情绪是先天预成、不学而能的，并具有分别独立的外显表情、内部体验、生理神经机制和不同的适应功能。按照这个标准，伊扎德用因素分析的方法，提出人类具有 8—11 种基本情绪，它们是兴趣、惊奇、痛苦、厌恶、愉快、愤怒、恐惧和悲伤以及害羞、轻蔑和自罪感。

由此产生的复合情绪有三种：第一类是基本情绪的混合，如兴趣—愉快、恐惧—害羞、恐惧—内疚—痛苦—愤怒等；第二类是基本情绪和内驱力的混合，如疼痛—恐惧—怒、性驱力—兴趣—享乐等；第三种是基本情绪与认知的混合，如活力—兴趣—愤怒、多疑—恐惧—内疚等。复合情绪有上百种，有的能命名，如愤怒—厌恶—轻蔑组成的复合情绪可命名为敌意，有的则很难命名。蒙娜丽莎的微笑就是一个典型的复合情绪，多元的情绪让看到这幅画的人产生强烈的神秘感，有的人看到了淡淡的悲伤，有的人则看到了浅浅的快乐。

2. 原生情绪与次生情绪

在现在的很多夫妻中，以下情景似乎司空见惯：

夫妻俩相对而坐。妻子告诉老公：邻家男人换了新工作，又买了一辆新车。正在看报纸的丈夫"嗯"了一声，抬眼看了看妻子，没说话。妻子接着说：你觉得我们是不是也该买辆新车了？丈夫又"嗯"了一声，但没再抬眼，而是继续看报纸。

这时，妻子心想：如果有了新车，能让邻居们看到我家的经济实力，可他虽然努力工作，却并不爱我了，对我的话毫无反应——如果爱我，他不会这样表现的。

与此同时，背身看报纸的丈夫心里也在说：她一点也不理解我，只会提出更多的物质要求。这么想着，丈夫背过身去。

这下可惹怒了妻子，她大声地指责丈夫：你根本就不爱我！丈夫备感伤害，摔门离去。妻子伤心地哭喊着跟出门去。

于是，形成了妻子在后面追，丈夫在前面跑的镜头，直到妻子追累了不想再追提出离婚，丈夫才猛然觉得事关重大，需要寻求帮助。

夫妻情绪聚焦家庭治疗（EFT）的创始人格林伯格（Greenberg）提出了"情绪类型"的概念。因为情绪既有生物学的，也受文化的限定与影响，所以要区别原生情绪、次生情绪。原生情绪是指适应性情绪，即使机体要适应与自身需求和追求目标相关的、对自己有意义的外界。次生情绪是指反应性情绪，它经常是有问题的，因是遭受挫折而引起的防御和攻击，从而使原生情绪被掩盖或指向相反，因而失效。准确判断原生情绪和次生情绪很有必要。比如恐惧，成人会用愤怒来掩盖恐惧（原生情绪），而孩子因无力表现愤怒，只会用恐惧（次生情绪）来表现。

很多夫妻之所以关系紧张，就是因为彼此之间没在原生情绪上做沟通，而是在次生情绪上做了以牙还牙的反应。例如，逃跑丈夫的不予理睬，让妻子感到被拒绝的挫折。对此，她有了一个反应性的情绪即愤怒，所以指责。事实上，愤怒下面掩盖的原生情绪是悲伤，悲伤下面是恐惧——她害怕与丈夫的关系变得如此的"不可连结"，亲密不再。

三 几种典型的基本情绪

1. 快乐

愉快和快乐是主要的正性情绪，是为人们带来享受的重要来源。没有愉快和快乐，就没有享乐和享受。这里所说的享乐和享受，是指"心理上的享受"，是心理上的愉悦、快乐和舒适；最高的快乐是满足和幸福感。一个幼儿园儿童每天把玩具送给邻居家腿受了伤的小朋友，她以其自身的可能方式帮助他人感到由衷的满足，这种快乐是一种心理上的享受。伤残者从痛苦中超脱而很高兴，也是心理上的享受。处于 SARS 灾难中的医生护士拥有"燃烧自己，照亮他人"的信念，自荐救人，坚韧果敢；面对死亡威胁，无私无畏，充满激情。体验"牺牲我自己，为了救他人"的自我满足感，是最高境界的心理享受。SARS 也好，战场也好，都是罕见的特殊环境。人们的快乐绝不是仅仅在无私和忘我中才能得到。生活中快乐的源泉是多种多样的；人们期盼和追求享乐，没有快乐，生活就是无色无味的：快乐不仅带有色彩，而且是温厚或浓郁的"暖"色。它在心理上给人以舒适和幸福。

2. 愤怒

愤怒是一种常见的负性情绪，是人类演化的产物。其原发形式常与搏斗和攻击行为相联系。随着社会文化的形成和演变，愤怒的原发形式常被掩盖，愤怒的功能也已改变。情绪研究指出，对婴儿身体活动的限制能激活愤怒情绪。一般来说，无论对儿童或成人，强烈愿望的限制或阻止都能导致愤怒的发生。对比较轻微的限制及其所引发的轻微的愤怒可能压抑相当长时间。但是只要限制或阻碍持续存在，愤怒几乎终究会发生。持久地抑制愤怒，不免要付出健康方面的代价。不良的人际关系常常是愤怒的来源。受到侮辱或欺骗、挫折或干扰、被强迫去做自己不愿做的事，都能诱发愤怒。情绪本身也能成为发怒的原因，例如，持续的痛苦能转化为愤怒。早期幼儿被送托儿所，常常以哭闹来反抗，其中可能包含痛苦和愤怒两种情绪反应：痛苦是分离的反应，愤怒则是由持续的痛苦转化而来。愤怒的原型意义在于激发人以最大的魄力和力量去打击和防止来犯者，也用于主动出击。

在当代文明社会中，除了出于自我防御，愤怒所导致的攻击行为多数要受到道德规范的指责或法律的制裁。因此，愤怒的功能已经改变，变成一种表达自身反抗意向和态度的标志，而不必然与攻击行为联系起来。人性学家认为，愤怒原发功能的改变，是人类文化革命超越生物革命的一个例证。

3. 恐惧

恐惧是最有害的情绪。强烈的恐惧所产生的心理震动会威胁人的生命。在巨大的自然灾害遭遇中，一部分人生命的丧失不是由于身体上的创伤，而是由于情绪承受力的崩溃。

王子兰，23 岁，护士。1976 年唐山大地震时在医院值夜班。地震后在"地下"被"埋葬"了八天。被救活后，她说，在"地下"时，摸到一瓶葡萄糖盐水，饿了就喝一小口。她懂得有水就能活下去。她听到上面有说话声，坚信会有人来救。她抱着生存的期望，等待并睡觉休息。她给自己的手表上弦，让它不停地走动，坚持着生命的延续。她想着那些病患们，想着自己有趣的经历，过了"简单而又轻松"的八天。记者采访她时发现，她是一个乐观的人；她有忧愁、有欢乐，纯朴而信赖他人。一瓶盐水和相信他人的信念支持着她活了下来。

然而，对大多数人来说，没有经受过生活的磨炼，没有抵御生命威胁的心理准备，突然发生的巨大灾难往往诱发极度恐慌。2002 年在美国发生的"9·11 事件"和 2003 年在中国发生的 SARS 所引起的心理震动和慌乱，至今仍令一些身临其境或灾难中失去亲人的人遭受着心理创伤。但是，恐惧情绪同样具有适应价值。无论在进化或个体发展中，通常总是在威胁和危险情境中退缩或逃避的适应行为。诱发惧怕的威胁性刺激可能是生理的，也可能是心理的。

☺ 心域行走

一 心情的天气预报

想一想：在表中描述自己一天的情绪：（请尽量使用描述情绪的词汇）

情绪时间	积极情绪	消极情绪	中性情绪
早上			
上午			
中午			
下午			
晚上			

当我们填表对自己的情绪做小结的时候，有很多同学犹豫了，到底我的情绪是什么样的？用什么样的语言描述？我的情绪健康吗？

二 互诉衷肠

找一个自己比较信任的朋友或者同学，与他分享自己的情绪事件，再次梳理自己的情绪感受，同时识别情绪背后自己的认知观念。主要分享的内容如下：

我最生气的一件事：＿＿＿＿＿＿＿＿＿＿＿＿＿＿＿＿

我最难过的一件事：＿＿＿＿＿＿＿＿＿＿＿＿＿＿＿＿

我最焦虑的一件事：＿＿＿＿＿＿＿＿＿＿＿＿＿＿＿＿

我最害怕的一件事：＿＿＿＿＿＿＿＿＿＿＿＿＿＿＿＿

我最丢脸的一件事：＿＿＿＿＿＿＿＿＿＿＿＿＿＿＿＿

我最无助的一件事：＿＿＿＿＿＿＿＿＿＿＿＿＿＿＿＿

分享完之后思考下面几个问题：

1. 事情发生时，你的身体有着怎样的感受？

2. 事情发生时，你做了什么？

3. 在你的情绪背后有着怎样的观念？

三 情绪疯狂放大机

假设我们每个人都是一个情绪放大机，也就是把前一个同学传递的情绪明显放大后再传递给下一位同学，让我们看看当情绪在一个组里传递一轮后会出现什么情况。记住，我们是情绪疯狂放大机！

活动过程：第一轮游戏，可以从单一动作开始。例如，一位学生微笑，下一位学生可能出声笑，再下位学生可能大笑，再下位学生可能大笑两声，再下一位就可能仰天大笑，再下位学生可能表演笑得直不起腰，再下一位学生就可能表演笑得满地打滚……在传递过程中大胆发挥。

活动过程中思考下面几个问题：

1. 使用大动作和小动作表达情绪时，感觉有什么差异？

2. 当着大家做出那么夸张的表情和动作时，有怎样的感受？

3. 邀请学生评选"最有创意情绪放大机"，集体鼓掌给予认可鼓励。

☺ **超级测试**

你是哪种情绪类型？

知道了自己是哪种情绪类型、最具有挑战的情绪是什么，才好"对症下药"：

1. 对你来说最具挑战性的情绪是（　　）

　A）愤怒　　　　　　B）恐惧　　　　　C）罪恶感

2. 你对于改变的态度是（　　）

　A）必要的　　　　　B）乐观的　　　　C）耗费精力的

3. 你喜欢（　　）

　A）效率　　　　　　B）远景　　　　　C）真实

4. 常常困扰你身体的症状是（　　）

　　A）心血管问题　　　　　B）胃不适　　　　C）偏头痛

5. 你最大的情绪管理优势是（　　）

　　A）做决策不受情绪影响　B）建立信任　　　C）双赢沟通

6. "情绪"对你来说是（　　）

　　A）力量强大的　　　　　B）捉摸不定的　　C）具挑战性的

7. 你最无法忍受的事是（　　）

　　A）漫无边际地浪费时间在情绪上

　　B）粗暴无理地发泄负面的情绪

　　C）自己被情绪所绑架时的无奈

8. 如果以下三个条件你必须放弃其中的一项，那会是（　　）

　　A）人生的使命

　　B）预测他人行为的能力

　　C）乐观思维

计分与评分方法：

如果你的A）最多，你是定时炸弹

　　你对自己的目标非常清晰，重视实质结果，容易养成隔离情绪的习惯；但却对于他人的情绪会不自觉地忽视。定时炸弹是激进的、尖锐的，而且愤怒的。这是最强势且咄咄逼人的一种类型。

　　最普遍的情绪挑战是"愤怒"

　　如果你的B）最多，你是梦想家、老好人

　　你对于长期目标与他人的感受比较重视和敏感，但却常忽视自己的感受和当下的任务。

　　最普遍的情绪挑战是"恐惧"

　　老好人容易盲目于满足对方当下的情绪需求，然而满足"对方""当下"的"情绪需求"并不总是意味着"双赢"、"长远"、"问题解决"。所以在职业生涯上容易被他人占便宜和拖延对事情核心问题的解决行动。

　　如果你的C）最多，你是情绪透支

　　你较善于观察和重视事实与数据，容易养成隔离情绪的习惯；再加上对完美结果的坚持，责任心强，但由于缺乏表达情绪的习惯，使之容易养成压抑情绪的模式。

　　最普遍的情绪挑战是"罪恶感"，"情绪透支"容易在压力下放弃自己的需求，满足对方当下的需求；然而，满足"对方的需求"并不总是意味着"双赢""问题解决"。所以在职业生涯上常被他人占便宜和对自己拖延感到罪恶和不满，容易引起胃溃疡。

引自《职场》2006 年第 11 期

第二节　直面情绪

——几种常见的负面情绪

☺ **心理之窗**

瑜瑜是个挺情绪化的孩子，情绪高涨起来像火山爆发，情绪低落起来像泄气的皮球；上午还兴高采烈，下午就因受了一点儿委屈而情绪低落到极点。她在日记里写道："我是火山，也是冰山——水火不容的，两极就这样同时存在于我的体内。妈妈说我太情绪化了，可是谁没有情绪呢？也许这就是我的性格吧。"瑜瑜这一会儿火山，一会儿冰山的情绪会让自己感到苦恼，同时也让父母、老师感到困惑。急躁、抑郁、焦虑、嫉妒、敏感等种种行为表现都是大学时期比较常见的负面情绪。

一　焦虑，不要被想象的敌人吓倒

焦虑是个体主观上预料将会产生某种不良后果或出现模糊的威胁时的一种不安感，并伴有忧虑、烦恼、害怕、紧张等情绪体验。

（一）焦虑的种类

一般而言，焦虑可分为三大类：

其一，现实性或客观性焦虑。如爷爷渴望心爱的孙子考上大学，孙子目前正在加紧复习功课，在考试前爷爷显得非常焦急和烦躁。

其二，神经过敏性焦虑。即不仅对特殊的事物或情境发生焦虑性反应，而且对任何情况都可能发生焦虑反应。它是由心理—社会因素诱发的忧心忡忡、挫折感、失败感和自尊心的严重损伤而引起的。

其三，道德性焦虑。即由于违背社会道德标准，在社会要求和自我表现发生冲突时，引起的内疚感所产生的情绪反应。有的老年人怕自己的行为不符合自我理想的标准而受到良心的谴责。如自己本来是被周围人认为是一个德高望重的人，但在电车上看到歹徒围攻售票员时，由于自己势单力薄，害怕受到伤害而故意视而不见，回来后，感到自己做了不光彩的事，深感内疚，继而坐立不安，不断自责。

（二）考试焦虑

而学生中常见的焦虑是考试焦虑。考试焦虑是指学生在应试情景下，通过不同程度的情绪性反应，表现出来的一种心理状态。有考试焦虑症的学生大部分会感到不同程度的学习困难，记忆力下降，精神难以集中，注意力易于分散，思维似乎停滞。

你是不是记得很熟的单词怎么也想不起来，面对题目看了很多遍也不知道什么意思？我只能很遗憾地告诉你，这是考试焦虑的表现。产生考试焦虑的原因一般有四个方面：

1. 不能正确地对待考试，担心考试不及格

王明学习成绩不是很好，每到考试总会担心自己考试不及格。他把考试看得特别重要，认为考试就是考验他学习的成果。他认为如果考不好，如何向父母、老师交代？如何面对同学？以及这次考试是不是关系到他自己的命运前途……由此，思想上产生压力，又因压力超过心理负荷而造成过度紧张。

2. 疑虑考试失败

好多学习好的同学心理上总想保持住自己原有的优势，担心保不住原来的名次，在心理上出现自责、自卑和难以服气的精神压力。于是背着沉重而又紧张的思想包袱，每当考试就会自然产生种种想法，诸如担心再次失败的焦虑情绪等。

3. 外部压力大

许多老师父母对学生的期望较高，也相应的会有过高的要求，也是造成心理压力的主要原因。有的学生怕考试出错，把考场纪律也视为一种精神上的"压力"。考试时，明明自己在思考着问题，却不知不觉地担心自己是否违规了，造成心理障碍。

4. 大脑休息不足

有些学生，为了考试拼命复习功课，以致睡眠不足，如果再不注意营养和睡眠，心神需要的能量得不到及时的补充和缓冲，也同样会陷入焦虑之中。

适度的焦虑对于保持生命活力是必要的，并有助于个体成就的提高，但是不适当的高度焦虑却不利于个体的身心发展。心理上的焦虑并不能帮助我们解决什么，相反，它会使问题变得更加困难。无所谓的担忧也正是焦虑之本质，只有面对可能发生的最坏结果，我们才能从容地面对现在。不要被想象的敌人吓破胆，增强自信，相信自己一定会找到解决方法，当机立断，积极行动，要把注意力从担心失败转移到积极行动、争取成功上来，并尽最大努力去做。

二　远离抑郁，露出你灿烂的笑容吧

一个学生曾在日记中这样写道："我今年 17 岁，这本应该是一个充满梦幻的季节，可它带给我的却只有迷茫的苦闷，我丝毫感觉不到生活的乐趣。现在我生活在一片灰暗之中，我没有寄托，精神世界很空虚，不知自己为什么而活着，好像对任何事情都提不起精神来，总觉得空虚、无聊，每天只是机械地重复教室与家庭的两点一线。我不知道学习究竟是为了什么，考试又是为了什么，同学们那些不安的表现又是为了什么？我开始对什么都不关心，什么都懒得去做，感觉做什么都没有意思。有时，我甚至觉得一切都无所谓。"

这位同学陷入了抑郁的泥沼之中。事实上，我们好多同学都有这样的感觉，但是不知道该如何去处理这种情绪。

抑郁是一种不愉快、以心情低落为主要表现的不良情绪。当我们被抑郁控制时，情绪上会明显低落，对什么都不感兴趣，心情烦躁，悲观，忧郁；在认识上，自我评价较低、自责愧疚，有某种罪恶感、无力感，对未来比较悲观等；在行为上表现为萎靡不振、寡言少语、兴趣减少、行动迟缓、不想活动等。

因为抑郁，会消磨自己的斗志；因为抑郁，会埋没自己的才华；因为抑郁，会失去爱与交往的能力；因为抑郁，会放弃生活中的一切，使生命失去光泽。那么抑郁是怎么来的呢？

首先是认知和评价因素。

青少年时期，由于个体的心理发展还不够成熟，看问题容易片面和极端，常常不能系统、全面、客观地反映现实。有抑郁情绪的人对现实世界的认识和评价往往是偏离或歪曲的。我们平时心情不好时，不是经常感觉这个世界到处都是灰暗的，没有一点色彩吗？

其次是归因因素。

有抑郁情绪倾向的人对失败或不利的情况作归因时，往往认为失败是自己造成的，原因是比较稳定的，对生活产生广泛的不良影响。同学之间闹矛盾了，会认为都是自己的错，每次闹矛盾都会向他认错，但是时间久了，次数多了，心理的感觉越来越差，就产生了抑郁的情绪。

最后是自主性因素。

有抑郁倾向的人对自己的行为结果控制感低，因而自我评价低，这样就导致个人不敢开拓自己的行动范围，行为模式僵化，思维不开阔，其结果是无法得到自己预期的结果，于是进一步强化了消极的自我评价，时间一长，很容易导致恶性循环。

人们常常形容抑郁的人是"戴着墨镜看世界"，所以一切都是灰蒙蒙的，让人心情压抑。其实，同样的事物，迎着阳光看和背着阳光看，会呈现不同的色彩。同是秋雨，你可以感到"秋风秋雨愁煞人"，也可以有"秋雨听琴夜读书"的韵味。如用积极眼光看待人生，人生的一切便都是快乐之源。

三　嫉妒的折磨——不要为别人的优点而不安

想一想：当你遇到下列生活事件，你会做出什么反应？

1. 我的同桌家庭富有，身穿名牌服装，而我家境贫困，穿着一般，我会怎么样？

2. 我的同学长相漂亮，大家都夸他（她）像电影明星，而我却相貌平平，我会怎样？

3. 我的同学乐观外向，别人都乐意与他（她）交往，而我内向孤僻，别人不愿接近我，我会怎样？

4. 我的同学成绩一般，但擅长拉小提琴，在文艺活动中备受青睐，而我成绩优秀，因无特长，在特定的场合备受冷落，我会怎样？

此时，你会怎么做？是不是会认为他不就是家里有几个臭钱，穿名牌了吗？显摆什么啊！不就是学习好点吗，有什么了不起啊？长得漂亮了能怎么样，老了不还是一样吗？

……

是的，这就是嫉妒。这就是一种在青春期都有过的情结。心理学家认为，嫉妒心理是一个人在个人欲望得不到满足时，对造成这种现象的对象所产生的一种不服气、不愉快、自惭、怨恨的情绪体验。嫉妒心理是差别和比较的产物，在与自己性别、年龄、身份、地位和能力等相等或比较相似的人进行比较时，产生了心理不平衡，为保持平衡心态，而采取的消极情绪方式，是在自己一心追求的东西没有实现，而他人实现了，从而使自己的自尊心难以接受、虚荣心不能满足，于是通过嫉妒情感的产生来"补偿"自尊心所蒙受的"损失"。

青少年置身于充满竞争的学校或社会环境，当开始顾虑到自己的专长，注意起同学的成绩以及别人对自己的评价时，嫉妒就会特别敏感地表现出来。这主要是因为青少年心理发展尚未成熟，对自己各方面能力还认识不足，遇上比自己能力强的人时就会感到不安所致。

另外，青少年若是过于以自我为中心，常常更多关心着的是自己，待人缺少纯朴的善意，处处想表现自己的优点，特别是当自己帮助的人超过自己时就会强烈希望别人在某一方面不如自己。其实我们干嘛总是把眼光集中在自己的缺陷，别人的优点上呢？要全面地看待自己，我们在这一方面上不如他，说不定在其他方面上比他更优秀。要对自己的优点积极肯定，多发觉自己的优点，这样会发现自己也有很多可爱的地方。

☺ 心域行走

下面有几种缓解压力的处方，同学们可以自己体验一下。

一 音乐处方

找一个安静的地方，泡上一杯热茶，完全沉浸在美妙的音乐中，我们就会放下很多的烦恼。下面就给同学们提供一些可以放松的音乐。

催眠：孟德尔颂的《仲夏夜之梦》、莫扎特的《催眠曲》、德布西的《钢琴前奏曲》

舒缓压力：艾尔加的《威风凛凛》、布拉姆斯的《匈牙利舞曲》

解除忧郁：莫扎特的《第四十交响曲 B 小调》、盖希文的《蓝色狂想曲》组曲、德布西的管弦乐组曲《海》

消除疲劳：比才的《卡门》

振奋精神：贝多芬的交响曲《命运》、博克里尼的大提琴《A 大调第六奏鸣曲》

增进食欲：穆索尔斯基的钢琴组曲《图画展览会》

缓解悲伤：柴可夫斯基的第六号交响曲《悲怆》

二　运动处方

适度而有趣的运动可使人身心处于舒畅、和谐和愉快之中，因而可以转移不愉快的压力源。当人以比较舒畅和愉快的心情再度面临压力时，就会有一种比较超然的态度而感受到较低的自觉压力。

比较适宜于舒解压力的运动形式有哪些呢？

1. 自己喜欢并能享受的运动——由于自己喜爱的运动，所以在运动时能集中精力、保持愉快的心情。

2. 有氧运动——有氧运动会消耗大量的能量，把在压力情况下所产生的能量消耗掉，会使人有舒畅愉快的感觉。

3. 伸展操——将呼吸频率放慢，变深加长，而且集中精神于调息或被伸展的肌肉群，会有去除杂念、消除紧张和缓解压力的效果。

4. 重量训练——指用各种方法来增加肌力和肌耐力的活动，也可以缓解压力或减低神经、肌肉的紧张程度。

三　营养处方

生活中，不妨吃一下含有下面这些物质的食物。健康而美味的食物同样有利于心情的放松。

维生素 B1——使忧郁的人有活力，使有心事的人心情平静。

维生素 B6——抗忧郁。

镁——抗紧张。

维生素 B12、锰——缓和易怒情绪。

泛酸——缓和压力。

胆碱、色氨酸——镇静。

锌、烟酸——提高思维的灵活性，帮助大脑正常活动。

☺ 超级测试

焦虑自评量表（SAS）

下面有20条文字，请仔细阅读每一条，把意思弄明白，然后根据你最近一星期的实际情况选择最合适的选项，每个选项含义分别是：A. 没有或很少时间；B. 小部分时间；C. 相当多时间；D. 绝大部分或全部时间。将选择的答案填在后面的（ ）里即可。

1. 我觉得比平时容易紧张或着急（ ）

2. 我无缘无故在感到害怕（ ）

3. 我容易心里烦乱或感到惊恐（ ）

4. 我觉得我可能将要发疯（ ）

5. 我觉得一切都很好（ ）

6. 我手脚发抖打战（ ）

7. 我因为头疼、颈痛和背痛而苦恼（ ）

8. 我觉得容易衰弱和疲乏（ ）

9. 我觉得心平气和，并且容易安静坐着（ ）

10. 我觉得心跳得很快（ ）

11. 我因为一阵阵头晕而苦恼（ ）

12. 我有晕倒发作，或觉得要晕倒似的（ ）

13. 我吸气呼气都感到很容易（ ）

14. 我的手脚麻木和刺痛（ ）

15. 我因为胃痛和消化不良而苦恼（ ）

16. 我常常要小便（ ）

17. 我的手脚常常是干燥温暖的（ ）

18. 我脸红发热（ ）

19. 我容易入睡并且一夜睡得很好（ ）

20. 我做噩梦（ ）

计分与评分方法：

正向计分题 A、B、C、D 按1、2、3、4分计；反向计分题按4、3、2、1计分。反向计分题号为5、9、13、17、19，剩下的题目全部为正向计分题。最后计算出总分。

总分乘以 1.25 取整数，即得标准分，分值越小越好，分界值为 50。即得分在 50 分以下说明焦虑的情绪并不严重，但如果超过 50 分，说明焦虑的程度超出一般水平，需要注意和调节一下了。

第三节　给你的情绪找个出口
——如何调节情绪

☺ **心理之窗**

在人的日常生活中，由于会遇到种种矛盾、困难和不顺心，会时常产生不良情绪。如果人们只是一味地压制自己，不良情绪会郁积在心中，时间久了会对个体产生很大影响。如学习效率下降，身体健康出现问题，朋友家庭之间出现问题……因此，我们要及时发现自己的不良情绪并适时给不良情绪找个出口。

一　学会合理发泄情绪

下面是几种常见的发泄情绪的途径。

（一）宣泄

1. 高歌释放

感到特别郁闷的时候，就和朋友一起去唱唱歌。真是一唱解千愁，歌的旋律、词的激励、唱歌时有节律的呼吸与运动，会使人们的压抑慢慢消失，通过歌唱，很多不良的情绪就被宣泄掉了，所以歌声是人们释放压力的重要途径。

2. 痛哭一场

刘德华的《男人哭吧，不是罪》是男人们很爱的一首曲子，因为在此之前，男人都将哭压制起来，生怕别人说他们是软弱的。事实上，哭是人类的一种本能，是人的不愉快情绪的直接外在流露。短时间的痛哭是释放不良情绪的最好方法。我们在痛哭之后，是不是会感觉很轻松，你哭过吗？没有的话，就来尝试一下吧！

3. 大声喊叫

据说某位影星减压的方式就很特别，她会对着马桶大喊："我好累、好困，又病了，什么时候才能好，可不可以给我几天假期？"然后就把它们冲到地下；如果不行就敲马桶盖。她感觉这样的减压方式会有很多人听到，但又不会伤害到他人，权当发泄。

4. 写写说说

将烦恼写在纸上，烦恼会随信而去。在日记中记下心中的不快，写完后也会有种痛快淋漓的感觉。如果找不到发泄的对象，心中又有些疙瘩，不妨有意识地自言自语，想说什么就说什么，想什么时间说就什么时间说。

（二）向他人诉说，而不是抱怨

诉说，将心中的委屈坦率地说出来，能使自己慢慢的感到踏实。找自己的知心朋友、亲友听你诉说，能帮助你消除可能形成的压力。但同时要注意选择适当的对象，切忌不顾对象、场合、说话的方式。正确地诉说，才可以有效地减压，"找个时间陪我聊一下这件事吧"，而不是"我烦透某某了，他……他……"

（三）用行动带动情绪

为了改变我们的感受，我们必须改变正在做的事情。当我们心情不好时，实实在在地开始做些事情可以让我们从自己或他人那里获得正面的反馈。

很多人在心情不好时，会说："我不想做这些了，等我心情好了再做吧。"可是，真的是只有心情好时才能很好地工作吗？如果长期心情不好，就一直不做事了吗？那样人生的很多大好时光不是被我们浪费了吗？研究表明，一些忧郁的人有着非常低度的活动力，而且他们比非忧郁者更少从事令人愉悦的活动。但是，当忧郁者懂得将更多令人开心的活动带入他们的生活时，他们的心情会变得更好。

此时，我们一个非常重要的方法就是制订"日常生活时间表"。制订这种时间表的目的，是要帮助心情不佳的我们通过活动产生支配感和愉悦感。在制订这些时间表时，要先写下特定日子的时间，然后排满你预定的全天活动，在每天事务的终了，记录你确定完成的活动，评估这些活动让你体验到愉悦感，并给你所体验到的愉悦感打分。

（四）转移注意力，离开坏心情

1. 多出去走走，多运动

心情不好时，出去跑两圈，那是最好最省劲儿的化解方法。当心情烦闷而又无法发泄时，到郊外去看看青山绿水，看看袅袅炊烟，去爬山，去泛舟湖上，在阳光下，在绿水中苦闷质感会随之减轻。就像在春季的雨天，看看窗外柳树的新芽，心情顿时晴朗，一下子感觉好了很多。

2. 晒太阳

著名精神病专家缪勒指出，阳光可改善抑郁症病人的病情，多晒太阳能振奋精神。

3. 理发

可改善恶劣的心境。心情不好时去理发，可以改变负性情绪。理发时处于被动安闲状态，发型的改变可获得心理上的轻松和愉悦，使情绪好转。我们在遇到挫折时，心情很低落，会想到去理发吧，改变要"从头开始"，理了发，就换了心情，就真正的从头开始了！

（五）反向心理调节助你战胜不良情绪

有这么一位男士，利用假日骑摩托车外出兜风，本来精神头蛮好，情绪很高，不成想走出100公里路程车子出了毛病，把他扔在上不着村下不靠店的偏僻山沟里。这一下他着急了。没有办法，只好推着车慢慢往前走，等找到修车部时天色已黑，修好车已经夜半时分，只得骑着车行驶在夜幕中。这时他越想越气，觉得太倒霉了，情绪坏到了极点。走着走着，感到何苦如此折磨自己。车子虽然坏了，但是修好了，人没有受伤，这不是不幸中的万幸吗？运用反向心理调节法，他从相反的方向思考问题，心情完全变了样：望着寂静的山道，闪烁的灯光，他感到夜间行车别有一番情趣在心头。这样在黑夜行车，一生能有几次，不是车坏还没有这样的机会呢！在漆黑空旷的路上行车真是难得，有着独特的韵味：远远近近闪烁的灯光像满天星斗，呼呼的风声如同在耳边唱歌，大地寂静，万籁无声，这样的夜景何等迷人，这样的夜行何等美妙。这简直就是一首歌，就是一篇优美的散文，就是一幅引人入胜的图画！就这样，他怀着愉快的心情穿过一个又一个村镇，不知不觉于午夜赶回家中。后来他经常把这一经历和感受讲给人们听，并引为自豪，逗得大家哈哈大笑。人生在世，难免遇到些伤心事、苦恼事，有时会使人痛苦不堪。这时如果你能用反向心理调节法，发挥自己丰富的想象力和多角度的思索力，极力从不幸中寻找、挖掘出积极因素来，就能转"忧"为喜，开拓出一片新的天地，从"山穷水复"转入"柳暗花明"。

二 改变你的态度

两个同事一起上街，碰到他们的总经理，但对方没有与他们打招呼，径直过去了。这两个同事中的一个认为："他可能正在想别的事情，没有注意到我们。即使是看到我们而没理睬，也可能有什么特殊的原因。"而另一个却可能有不同的想法："是不是上次顶撞了老总一句，他就故意不理我了，下一步可能就要故意找我的岔子了。"两种不同的想法就会导致两种不同的情绪和行为反应。前者可能觉得无所谓；而后者可能忧心忡忡，以致无法平静下来干好自己的工作。

人的情绪及行为反应与人们对事物的想法、看法有直接的关系。前者在合理情绪疗法中称之为合理的信念，而后者则被称之为不合理的信念。合理的信念会引起人们对事物适当、适度的情绪和行为反应；而不合理的信念则相反，往往会导致不适当的情绪和行为反应。一般人总习惯于把自己的不良情绪归结于环境事件，但 ABC 理论认为，情绪不是由某一诱发性事件 A（Activating event）直接引起来的，而是由经历这一事件的个体对这一事件的解释和评价 B（Belief）引起的，而解释和评价则源于人们的信念。就是个体对事件的情绪和行为反应的结果（Consequence）。ABCDE 理论的独特之处在强调 B 的重要作用，认为 A 只是造成 C 的间接原因，B 才是情绪和行为反应的直接原因。一旦不合理的信念导致不良的情绪反应，个体就应当努力认清自己的不合理的信念，并善于用新的信念取代原有的信念，这就是所谓的 D（Disputing），即用一个合理的信念驳斥、对抗不合理信念的过程，借以改变原有信念。驳斥成功，便能产生有效的治疗效果 E（Effect），使个体在认知、情绪和行动上均有所改善。

它以理性思维方式和观念代替不合理的思维方式，以理性治疗非理性，以最大限度地减少不合理的理念给他们的情绪所带来的不良影响，以此使自己的心理臻于健康。

（一）不合理的信念

不合理的信念包括：对自己的不合理信念，如我做事必须尽善尽美；对他人的不合理信念，如对不好的人应给予惩罚；对周围环境及事物的不合理信念，如已注定的事无法改变。共有 11 种不合理的信念：

1. 每个人绝对要取得周围的人，尤其是生活中每一位重要人物的喜爱和赞许。

2. 每个人是否有价值，取决于他是否全能，是否在人生的每个环节和方面都有所成就。

3. 世界上一部分人很邪恶，很可憎，是坏人，所以应严厉谴责和惩罚他们。

4. 当事情不如意的时候，那实在是很可怕。

5. 要面对人生中的艰难和责任实在不容易，倒不如逃避来得省事。

6. 人的不愉快是外界因素造成的，是不受自己的支配和控制的，所以面对痛苦和困扰人是无能为力的。

7. 对于危险和可怕的事物，人应该非常关心，要不断关注和思考，还要随时留意它可能再发生。

8. 一个人的过往经历和事件往往决定了今天的行为，而且这种影响是永远不可能改变的。

9. 一个人必须依赖他人，特别是那些比自己强有力的人，只有这样才能生活得好一些。

10. 一个人应该关心他人的问题，并且为他人的问题悲伤难过。

11. 人生中的每个问题总会有一个精确的答案，若得不到答案，就会痛苦。

（二）不合理信念的特征

1. 绝对化的要求（demandingness）

即从自己的意愿出发，认为某事一定会发生或一定不会发生，"应该""必须"。其不合理在于，人们不可能在每件事情上获得成功，即使某件事取得了成功，也不可能得到所有人的赞赏。而一旦这样的现实出现，持有此类信念的人就会受不了，因而产生情绪上和行为上的障碍，这种绝对化的要求反映了他不合理、走极端的思维方式。

2. 过分概括化（overgeneralization）

即以某件具体事件、某一言行证明自己进行整体的评价。这是一种以偏概全的思维方式，是思维的专制主义。人们在对自己的绝对化要求中常常会走极端，认为自己某一件事情上办得不好，就是自己一无是处，但是这只能说明这件事上办不好。因此，人们应当就自己的某一行为的表现而进行评价，不能因一件事而否定个人的价值。

人们对他人也常有某种不合理的要求，如果对他人持有绝对化要求，就会发现他人的言行总是与自己作对，因而陷入消极的情绪体验中，如"愤怒""怨恨""压抑"等。

3. 糟糕至极论（awflizing）

即如果某一件不好的事情一旦发生，其结果必然非常可怕，糟糕至极，灾难性的。这种思维方式导致焦虑、悲观、压抑、犹豫等不良情绪。将一件事情的负面结果夸大到极点，反映了个体走极端的不合理的思维方式。

三　学会乐观地生活

甲、乙两个人为了推销鞋子到了非洲，其中甲看到非洲人不穿鞋子，心里大叹不妙："原来非洲人不穿鞋，这下可好，鞋子非得滞销不可"，乙则大为欣喜："大家都不穿鞋，我的鞋一定卖到缺货。"

社会学家和人类学家泰尔格（l. tiger）认为，当个体把某种社会性或物质性的未来期望视为社会上所需要的、能为他带来快乐的或是对他有利的，那么与这种期望相关联的心境或态度就可以称之为乐观。从泰尔格对乐观的定义中，我们不难发现乐观至少具有两个主要的特征。

首先，乐观是人的一种主观心境或态度。同样的一件客观事实，不同的人由于期望不同而对其具有不同的认知和评价，并使人产生与评价价值相对应的态度或心境，于是如果评价是对自己有利的就产生乐观，反之则产生悲观。

其次，尽管乐观是指向未来的，但它会对现在或今后一段时间的行为产生一定的影响。乐观不针对现在或过去，它是一种主观愿望的结果，且这种建立在愿望基础之上的结果会实实在在地影响着我们现在和今后一段时间内的行为。

很多研究结果都表明，乐观与个体的身体和心理健康之间密切相关，个人乐观与生活满意度呈显著正相关，和抑郁呈显著负相关，生活满意度和抑郁是心理健康的最基本的组成部分，所以，乐观是心理健康最重要的预测变量。在压力情境下乐观主义者比悲观主义者工作表现得更好，因为乐观者和悲观者采用了不同的策略来应对他们所面临的问题，乐观者使用积极的应对策略，而悲观者更可能采用分心和否认的策略。

人生就像一个固定容积的瓶子，你放的快乐多，悲伤就少；反之，整个人生就是一个郁闷的状况。所有的这一切的乐与悲、幸与不幸，都是由每个人的心态来决定。生在这个世界上，有些固定条件虽然无法选择，比如地域、父母，但是我们的内心世界是可以由自己来控制的。

☺ **心域行走**

一　合理建议

四人一组，选择一个话题讨论，应用 ABC 理论给予建议，通过建议让对方意识到自己存在哪些不合理的信念，这些信念让自己产生了哪些负面的情绪和感受。每个话题派一名代表总结。

话题 1：不想分手但被甩了，非常难受。

话题 2：最近各种任务密集，非常烦躁。

话题 3：评优/奖没有被评上，无奈、难过又愤怒。

话题 4：考试在即，非常焦虑。

话题 5：参加社团活动占用时间太多，不想参与但也不好意思提退出，非常纠结。

二　观念大反转

请搜寻记忆中一位你无法完全原谅的人。回想当时的冲突场景，感受一下你的愤怒或痛苦，此刻不必反省自己的表现，只需诚实地写下你心里对那人的不满。然后回答下列问题：

1. 谁让你感到愤怒、挫折、迷惑，为什么？谁激怒了你？他有哪些地方是你不喜欢的？

我对（人名）_____感到_____，因为_____

（例：我对爸爸感到很生气，因为他不肯听我说话、不肯定我，我说的每件事他都要反驳）

2. 你要他如何改变，你期待他怎么表现？

我要（人名）_____去做_____

（例：我要爸爸承认他错了，并向我道歉）

3. 你需要他怎么做，你才会快乐？

我需要（人名）_____去做_____

（例：我需要爸爸听我说话，并尊重我）

4. 此刻，他在你心目中是怎样的人呢？请详细描述一下。

（人名）_____是_____

（例：爸爸不公正、傲慢自大、讲话很大声、不诚实、行事逾矩，而且不关心别人）

5. 你再也不想跟这个人经历到什么事？

我再也不要（经历到）_____

（例：我再也不要感受到爸爸对我的不肯定。我再也不要看到他抽烟，毁掉他的健康）

然后向自己提四句反问：1. 那是真的吗？2. 你敢肯定那是真的吗？3. 当你持有那个想法时，你会如何反应呢？4. 没有那个想法时，你会是怎样的人呢？

最后请反向思考：是这个人（比如爸爸）让我痛苦，还是我的想法让我痛苦？难道这些痛苦不是我自己的想法带来的吗？难道不是我们自己在跟自己过不去吗？

☺ 超级测试

标准情商 EQ 测试

根据自己最近的情况回答下列问题，A = 总是，B = 有时，C = 从不。将选项的字母填在题目后的（　）里。

（1—10：自我情绪认知）

1. 对自己的性格类型有比较清晰的了解？（　）

2. 无法确知自己是在为何生气、高兴、伤心或妒忌？（　）

3. 知道自己在什么样的情况下容易发生情绪波动？（　）

4. 即使有生气、高兴、伤心或妒忌的事也不愿或不能表达出来？（　）

5. 懂得从他人的言谈与表情中发现自己的情绪变化？（　）

6. 情绪起伏很大，自己都不了解自己是为什么？（　）

7. 有扪心自问的反思习惯？（　）

8. 不知道自己的感情是脆弱还是坚强？（　）

9. 性情不够开朗，很少展露笑容？（　　）

10. 很难找到表达情绪的适当方式，要么表示愤怒，要么隐忍或委屈？（　　）

（11—12：情绪调控）

11. 遇到不顺心的事能够抑制自己的烦恼？（　　）

12. 情绪波动起伏，往往不能自控？（　　）

13. 遇到意想不到的突发事件，能够冷静应对？（　　）

14. 精神处于紧张状态，不能自我放松？（　　）

15. 受到挫折或者委屈，能够保持能屈能伸的乐观心态？（　　）

16. 对自己的期望很高，达不到标准时会很生气或发脾气？（　　）

17. 出现感情冲动或发怒时，能够较快地"自我熄火"？（　　）

18. 做什么事都很急，觉得自己属于耐不住性子的人？（　　）

19. 听取批评建议包括与实际情况不符的意见时，没有耿耿于怀或不乐意？（　　）

20. 对人对事不喜欢深思熟虑，主张"跟着感觉走"？（　　）

（21—30：自我激励）

21. 在人生道路上的拼搏中，相信自己能够成功？（　　）

22. 不愿尝试所谓的新事物，对自己不会的事情感到无聊、低级趣味？（　　）

23. 决定了要做的事不轻言放弃？（　　）

24. 一次想做很多事，因此显得不够专心？（　　）

25. 工作或学习上遇到困难，能够自我鼓励克服困难？（　　）

26. 对于自己该做的事，很难主动地负责到底？（　　）

27. 相信"失败乃成功之母"？（　　）

28. 没有必要要求自己什么，觉得自己做不到的事不如干脆放弃？（　　）

29. 办事出了差错自己总结经验教训，不怨天尤人？（　　）

30. 不敢担任新的职责，因为怕自己会犯错？（　　）

（31—40：他人情绪认知）

31. 对同学、同事们的脾气性格有一定的了解？（　　）

32. 在意别人对自己的看法，生活无法轻松自在？（　　）

33. 经常留意自己周围人们的情绪变化？（　　）

34. 当人提出问题时会不知怎样回答才让人满意？（　　）

35. 与人交往时知道怎样去了解和尊重他人的感情？（　　）

36. 与人相处时不善于了解对方的想法或者怎样看待事物？（　　）

37. 能够说出亲人和朋友各自的一些优点和长处？（　　）

38. 触痛别人或伤及别人的感情时自己不能察觉？（　　）

39. 不认为参加社交活动是浪费时间？（　　）

40. 别人的感受是什么对我来说没有必要去考虑？（　　）

（41—50：人际关系管理）

41. 没有不愿同别人合作的心态？（　　）

42. 对单位、学校及家庭既定的制度规则不能照章行事？（　　）

43. 见到他人的进步和成就没有不高兴的心情？（　　）

44. 对有约定在先的事，无法履行兑现，或草率了事？（　　）

45. 与人共事懂得不能"争功于己，诿过于人"？（　　）

46. 担心自己的意见或建议不好时，宁愿随声附和？（　　）

47. 与人相处能够"严于律己，宽以待人"？（　　）

48. 别人不同意自己的意见时就会表现出不满，或者避而远之？（　　）

49. 知道失信和欺骗是友谊的大敌？（　　）

50. 觉得委曲求全是解决矛盾的好方法？（　　）

计分与评分方法：

题号为奇数的，A 计 2 分，B 计 1 分，C 计 0 分。

题号为偶数的，A 计 0 分，B 计 1 分，C 计 2 分。然后将所有题目得分相加，算出测试的总分。

总分在 80—100 之间：EQ 水平较高，情绪稳定，乐观自信，客观冷静，人际交往、处理问题及适应社会能力较强，是一种积极健康的心理状态。

总分在 41—80 之间：EQ 水平居中，尚需保持和发扬优势面，克服不足，不断提高。

总分在 40 以下：EQ 水平偏低，情绪常波动起伏，人际交往、处理问题及适应社会能力欠缺。但也无需恐惧，应当找出薄弱环节，有针对性地加强自我修养和锻炼，以不断提高自己的情商水平与综合素质。

第七章　小小的天有大大的梦
——目标与梦想

周杰伦的《蜗牛》，还记得吗？选一个阳光的午后，躺在温暖的草坪上，再拿起耳麦，重温一下吧。

> 该不该搁下重重的壳
> 寻找到底哪里有蓝天
> 随着轻轻的风轻轻地飘
> 历经的伤都不感觉疼
> 我要一步一步往上爬
> 等待阳光静静看着它的脸
> 小小的天 有大大的梦想
> 重重的壳裹着轻轻的仰望
> 我要一步一步往上爬
> 在最高点乘着叶片往前飞
> 让风吹干 流过的泪和汗
> 总有一天我有属于我的天
> ……

接下来，就让我们谈谈我们的梦想和目标。

第一节　光阴的故事
——寻找目标

☺ 心理之窗

也许你刚刚踏进学校的大门，也许你已经在这里待了很长时间。如果在这里你已经是一个"老人"，你会发现时间过得真快啊，什么也没有来得及做，就已经要毕业了。如果你是一个刚刚来到的新人，我想说的是，时间很快就要过去，我们要做的就是，把握现在，把握今昔！

时间一天天地过去，你有清楚的目标吗？你每天做好多事情，可你知道它们有什么意义吗？因为，目标决定价值。正如成功学大师拿破仑·希尔所说，人生之成败，不是自己不能掌握，而是由自己的目标和行动来决定的。

一　什么是目标

目标是指希望在一定的时间内，通过自己的努力要达到的某种状态或结果。我们需要不断地寻找进步的目标。因为，只有我们有了清晰的目标，我们才能看到自己的使命。

"不想当元帅的士兵不是好士兵"，有了清晰的目标，我们才有奋斗的动力，无论事业艰辛、长路漫漫，无论春秋寒暑、苦守孤灯，我们都能看到远处的灯塔。

因为，人只有有了清晰的目标，才会有不竭的动力。

原野中考时差两分没有考上梦寐以求的高中，但他知道自己要的是什么，"我错过了一次升学深造的机会，但我现在努力一点儿也不晚"，经过刻苦的学习，他上了高职、本科，现在他是一所大学的研究生。由于比其他同学有更多的实践经验，他学起来更加得心应手。"我知道自己总有一天会踏进大学的校门，我做到了"，他微微地笑着，脸上洋溢着幸福的甜蜜。

在现代化的今天，我们想得到的太多，哪些是我们应该舍去的，哪些是值得我们为之奋斗的呢？这些答案，只有我们的目标会清楚地告诉我们。"智慧就是懂得该忽视什么东西的艺术。"

寻找目标的过程是一个长期而艰苦的过程。

二　怎样管理自己的目标

所谓目标管理，是一种管理思想，核心就是要发现自己的目标，并更好地实现自己的目标。

大学生在目标管理中经常遇见的问题有：

（一）社会竞争的加剧，导致目标过于"功利化"

由于社会竞争的加剧，就业困难，大学生找到工作或找到比较理想的工作越来越困难。这对大学生造成很大的心理压力，使他们因焦虑、自卑而失去安全感，认识到大学校园已不是被这样或那样的光环所笼罩的象牙塔，更不是可以站在过去的成绩上恣意挥霍现在、享受美好的黄金时代。所以大学初始，很多人总是信誓旦旦地为自己制定种种目标：奖学金、英语四六级、计算机、秘书资格、日语、法语及人际交往、语言表达、组织管理等。当然，大学是人生发展的重要阶段，是对未来进行准备的重要阶段，需要对未来的职业生涯进行各种演练，但绝不等于人生所有的准备工作都要在大学阶段做好。所以要用合理的目标和要求来规划大学生活，不能过于功利化，大学毕业后的每一个时期同样是人生的演练场，否则会给自己的生活和学习带来很大的压力。

生活贫困也是造成目标功利化的另一个重要原因。目前，我国高校在校生中约有20%是贫困生，而这其中5%—7%是特困生。贫困加剧了学生及其家庭在教育方面的投资压力，花了这么大的代价接受大学教育，很自然的就期望大学教育给自己同样的回报，能够在毕业后有一个理想的工作，有一份可观的收入。但事实很难如人所愿，所以要以平和的心态看待大学生涯。

（二）不合理的自我评价导致目标设置过高、过多

大学生多数处于18—24岁这一年龄阶段。在这个阶段，身体的生理发展已接近完成，已具备了成年人的体格及各种生理功能，但其心理尚未成熟，特别是在自我评价方面，虽然大部分学生可以根据社会、学校、集体和同学对自己的要求，不断地评价自己的思想和行为，自我评价与他人评价无大的差异，比较符合实际情况。但是也不排除部分大学

生的自我评价仍存在着一定的片面性：一是"高估自我"，有着很强的优越感、自尊心和自信心，思维发展尚有水平不高的一面；二是"低估自我"，这是因为自我期望值偏高，容易导致对现状的不满，学习与生活缺乏科学的调节，适应能力差，易积累一定的挫折感，产生过强的自尊心等。这都是需要引起注意和避免出现的倾向。

（三）活在中学辉煌时代的影子里，不能接受相对"平庸化"的状态

在与大学生的交流中，很多学生表示进入大学后，会突然失去自信，感到自己一无是处。这种"失落"从根本上体现了学生对于进入大学后各方面相对平庸化生活的不适应。首先是因为竞争的对手变了，大家水准相当，自己不能再保持高中时的优势地位。另外，在大学里，竞争的内容也不再仅仅是学习成绩，眼界学识、文体特长、社交能力、组织才干等都成了比较的内容。在这种情况下，一个人很容易看到自己的弱点。不过，有些人会因为看到自己的弱点而自卑甚至封闭自己；但也有些人在看到自己的弱点后却激发进取心，他们会很自然地给自己提出很多要求，希望自己在短时间里缩短和别人的差距。殊不知这样很容易陷入一个自我设置的恶性循环里。如下图所示：

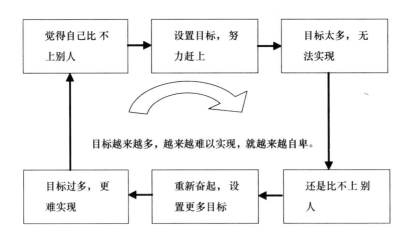

（四）初入大学的目标间歇期很容易导致大学生的目标真空状态

在高中的三年里，因为目标明确大家都奋力拼搏、只争朝夕，觉得生活十分充实。可是一旦考上大学，目标实现了，就会陷入迷茫与困惑，心理学上称为目标间歇期。面对内心的冲突与矛盾，一些人自认为

要发挥个性，享受青春，肆意涂写过去十二年寒窗苦读留下的空白，选择了徒劳无益的消遣方式。但时光如流水，一去不复返，等到第一学年考试亮了几门红灯才幡然醒悟，想奋力追赶，可是别人仍在往前跑，追赶谈何容易，这时才为自己大一时的放纵而懊悔。"如果想有个无悔的大学生活，就只有不断充实自己，绝无轻松可言。"高中生活感觉到的只是高考的压力，一旦脱离了束缚，外部压力便迎面而来。大学生数量在增多，专业的冷热门变幻莫测，就业压力不断增大，很多大一新生一踏入校门就开始想到怎样辉煌地走出校门，也许这就是信息与科技时代下大学生的新思考吧？于是很多同学渴望有一双慧眼，找到一个属于自己的方向。这种了解自己、明确目标的需要与"目标暂时真空"的现实形成了非常矛盾的状况。

许多同学走进了校门，却没有一个清晰的目标。"车到山前必有路"，一个学习计算机的同学这样说，"我上大学就是想尽快学习好计算机的知识"。目标是什么？"学习计算机啊"，他笑了。那学了计算机呢？"找工作呗"。计算机知识很多啊，工作也很多啊，那要学习什么样的计算机知识找什么样的工作呢？"那我就不清楚了。"他不好意思地笑笑。

上述大学生目标管理的几个不良倾向都很容易导致大学生出现目标与行动的不统一。他们是语言上的巨人，行动上的矮子。这种目标与行动相脱离的原因很多，但是大学生不合理的目标设置状态是一个很重要的原因。

我们该怎样应对这些问题呢？

三　管理自己的目标

（一）目标的设置

有一个非常著名的跟踪调查，为期25年：对象是一群智力、学历、环境都差不多的年轻人，调查发现：27%没有目标；60%目标模糊；10%有清晰但较短期的目标；3%有清晰且长期的目标。25年后调查发现：27%没有目标的人变成了社会的最底层，抱怨整个世界；60%目标模糊的人变成了社会的中下层而安稳地生活与工作；10%有清晰但较短期的目标的人成为各行业的专业人士；3%有清晰且长期的目标的人成为社会各界的顶尖人物。这说明具有清晰的目标对人的成功是非常有意义的。制定目标是目标管理最重要的阶段，制定的时候应该考虑以下几个因素：

1. 目标应该是可考核的、具体的、一定量化的

如果询问大学生"在以后的四年大学时光里，你的目标是什么？"可能有很大一部分同学答不出来，即使答出来，你再接着问："为了实现自己的这些目标，你觉得自己从现在起应该做什么样的准备呢？"又会有很大一部分同学不知所云。这里说明一个问题，你为自己所设置的目标一定要具有可操作性，让自己很容易就知道了为了实现这些目标自己该做什么样的努力。但是当前很多学生都是处于"想法很多、做法甚少"的状态。从来不承认自己胸无大志，相反觉得自己还是蛮"热血沸腾的"，但看看实际的生活："一起床就开始玩《传奇》、半夜了宿舍楼还在激烈地打 DOTA……"；睡懒觉、逃课、谈恋爱，就是不肯认认真真地读书。这样的话，就只能是空有一身抱负，终将一事无成。

目标是系统的，有层次的，如果想提高目标的可操作性，最重要的一步就是确立目标系统的层次性，明确长期目标和近期目标，并且根据"逐渐接近"的原则为目标设立子目标。子目标的具体性和可操作性一定会好于总目标，而且从主观层面来看，子目标实现起来相对容易，可以减轻目标实现问题带给个体的压力。

2. 目标不能过多

要分主次、轻重，要突出重点，明确主攻方向，又要注意目标的协调，严防脱节。

将目标分解、形成体系可以采用这两种方法：

剥洋葱法：是一种倒推式的分解方法，最长远的目标是洋葱的最外层，最近期的目标是洋葱的最里层。制定的原则就是逐步接近终极目标。

多叉树法：确定一个主要的目标，然后以此目标为核心，找到为实现这个目标自己应该往哪些方面努力，将这些努力的方向拟定为子目标，每个子目标还可以根据实际情况再细化，最好形成一个多层次的目标体系。

3. 目标拟定要考虑奖罚因素

奖励和惩罚都是一种行为发生或行为避免的强化，在目标设立的时候就考虑到奖惩的因素，可以提高个体目标执行的积极性，避免一些目

标放弃、目标达成不足的现象。如设立一个如下图的表格，坚持做定期的记录，这样就可以对将来的目标实施形成一个好的保证。

得分行为	分值	可以换取的奖励	扣分行为	惩罚形式
每天早上坚持7：30分起床	1	晚饭后在宿舍和朋友聊天半个小时	睡到上午9点起床	多看一个小时的书
每天坚持跑步30分钟	2	可以上网浏览半个小时	没有跑或跑的时间不够	取消上网的安排
……	……	……	……	……

4. 目标的难易水平要适合自己

适合自己的标准就是目标对于自己来说是可以达到的。这里的"可达到"有两层含义：一是目标应该在能力范围之内；二是目标应该有一定难度。目标经常达不到的确会让人沮丧，但同时得注意，如果太容易达到也会让人失去斗志。

（二）实现目标过程的管理

目标就是命令，目标就是权威、目标就是法规。在实施中要严格按目标进行。

1. 目标管理重视结果，强调自主，自治和自觉

目标管理是美国著名管理学家德鲁克的首创，1954年，他在《管理实践》一书中，首先提出"目标管理与自我控制"的主张，随后在《管理——任务、责任、实践》一书中对此作了进一步阐述。德鲁克认为，并不是有了任务才有目标，而是相反，有了目标才能确定每个人的具体任务。而且非常强调自我控制对目标监控的影响。

2. 围绕制定的目标进行定期的检查

检查的目的是根据反馈情况做灵活性调整。

杰克·韦尔奇把深入一线作为一项非常重要的工作，对他来说大事与小事并没有什么明确的界限。正如《执行》中所讲的那些所谓的"小事"，我们每个人也是必须要做的，并强调这是一种"领导风格"。这种风格导致的结果就是执行力的强化。如果没有定期的检查，不知道自己每个阶段目标的实现情况是怎么样，那么到最后很可能会发现自己的很多目标都白制定了，因为根本就没有具体的实施。

3. 对于目标实施过程中的不可控因素给予记录

（三）总结和评估

目标和结果是相连的，对目标的评估唯一一个指标就是结果。所以在目标评估的时候可以列出执行事项清单，并对完成的情况做一个评价，具体的可以参照下图：

本周目标	本周任务次序	星期一 月　日	星期二 月　日	星期三 月　日	星期四 月　日	星期五 月　日
	1	今　天　任　务　次　序				
	2					
	3					
	4					
	5					
	6					
	7					
	8					
	9					
	10					

☺ 心域行走

一　画一棵你自己的目标树

拿出一张白纸，画出一棵树，在树根处写上你认为最重要的价值，在树干处写上你的目标，在几个主枝中写上你的主要任务，在叶子和细枝旁写上各种次要任务，完成这幅图。你可以按照下面的步骤进行：

1. 树根。写上你认为最重要的价值。如果你对这一点感觉比较模糊，不能清楚地说出自己最想要的是什么，请试一试这个办法——重新拿一张纸，写下所有想要的东西，如健康、金钱、幸福的家庭、爱情、事业、自由自在、旅行、安定……写完之后，划去你认为最不重要的一项，再在剩下的项目中划去一个最不重要的，一直划下去，直到只剩下一项，它就是你最重视的东西。

2. 树干。写上你的人生目标。注意，你的人生目标应与你的价值观一致，如果不一致，你就要思考你写下的树根确实是你最珍视的东西吗？或者，你写下的人生目标真的是你最大的希望吗？

3. 主枝。写上几个主要任务。这些主要任务应是直接为你的目标服务的，实现这些任务有助于达到目标。如果不是这样，请思考是否有必要在这个任务上面投入时间和精力。

4. 树叶。写上次要任务。有些次要任务是实现主要任务的手段，有些次要任务用来维持现在的生活。次要任务是不可缺少的，没有树叶的树无法生长，但它们不应占据你的主要精力。

二　人生目标管理自我训练

环节	具体关键点
确立我的价值观	我最看重的是什么？ 我的人生信条和处事准则是什么？ 什么才是我的最爱，什么才是我生活和工作的重心？
制定我的使命宣言	我到底要做一个什么样的人？ 我最终期许一个什么样的人生？
明确我的人生角色	我生活中的重要的角色有哪几个？ 我事业中重要角色有哪几个？
规划我的目标系统	个人发展、事业经济、兴趣爱好、和谐关系 长期、中期、短期
制订我的行动计划	3—5 年规划 年计划、月计划、周计划、日计划
提升我的执行能力	日事日毕、日清日高 PDCA 循环 二八法则
经营我的人脉资源	善待生命中的"贵人" 善待生活中的"贵人" 善待事业中的"贵人" 善待心灵中的"贵人"
检查我的完成状态	每天、每周、每月、每年 坚持反问、反思、反省
积累我的小成功	精彩的自己 人生的每一个重要阶段

第二节　我的未来我做主
——实现目标

☺ **心理之窗**

聚会时，你有自己的观点，你会马上说出来吗？

你有了一个新奇的想法，你会马上去实践吗？

你有了自己的目标，你能马上从一点一滴的事情做起吗？

不要再犹豫了！从现在起，为我们的目标奋斗。

一　走出过去

不错，忘记过去就意味着背叛。但如果有一段经历是我们身上已经痊愈的伤疤，那么就不要再揭开它了。

明扬是一个淘气而可爱的孩子，活泼好动，性格外向。但也有好多缺点，行动无规律，没有主见。在学习上，老师往前推一把，就学一段时间；老师一放松，就又不学了，成绩就一落千丈。他喜欢踢足球，球技不错，慢慢地踢上了瘾，甚至开始逃课去踢。经常迟到、早退、旷课、撒谎。

后来，他喜欢上了计算机，在学校开始学习电脑绘图，从头学起，勤奋努力。现在的明扬是班里的学习委员，同学们遇到了难题都愿意找这个"智多星"。谈到以前逃课去踢球的经历，他说"现在想起来，是一段有趣的回忆"，"年少轻狂罢了"。

我们的过去，不论值不值得我们为之骄傲，都是我们经历的一部分。作为一段历史，已经不能改变。我们要做的就是要以积极的态度面对现实。

二　立即行动

在我们这个瞬息万变的时代里，机会转瞬即逝，没有人会听我们的解释，更没有人给我们第二次机会。我们要做的就是：立即行动！

也许你要说，我还没有准备好呢。但往往在我们"准备"的时候，别人已经走在成功的路上了。成功的人并不是在问题发生之前，把它们统统消除，而是一旦问题出现后，能勇敢地面对问题、解决问题。

我们每个人都对自己有一种效能期望。在我们做每一件事情之前，会对自己的能力做出判断和推测，当我们认为自己有能力时，就会产生一种自我效能感，以高度的热情去做那一件事情。现在，我们就要不断地培养自己的自我效能感，因为在我们获得了知识和能力之后，自我效能感往往是事情成败与否的决定因素。所以，学会随时告诉自己，我行！

三　面对挫折

生活中有一样东西是公平的，那就是挫折。"幸福的家庭都是一样的，不幸的家庭各有各的不幸"，在我们成长的道路上，都会经历到挫败和挣扎。但也正是因为如此，我们才成长得如此强壮。

正视挫折。当挫折来临的时候，我们要试着用一颗平常心面对它，理性地看待它，克服一些不正确的思想，如："我怎么这么倒霉啊！"其实挫折到来的时候可能是我们没有足够实力应付的时候，它的出现可以帮我们发现自己的不足，从而更好地成长。

当失败来临，当挫折接踵而至，失落、伤心是正常的情绪反应，我们要学会接受自己正常的负面情绪，但不能因此就对自己失去信心。在人生的航程中，总会遇到浅滩。它是我们旅程的一部分，不是终结，更不是全部。回忆一下，你是否经历过不同的挫折，在现在看来，它们不过是我们生活中的一些小插曲，阳光总在风雨后，经过了便是柳暗花明。

四　相信未来

在我们为目标奋斗的征途中，会遇到挫折，会面对寂寞，也许还会受到风言冷语的嘲讽，甚至在一个漆黑的夜里迷茫找不到方向。这时，你是否还能固守着自己小小的城堡，像开始那样坚定地相信未来？

相信我们的答案都是肯定的。从我们迈开人生的第一步，就展开了向梦想出发的羽翼。现在的我们，肯定也怀着许多对于未来的期许。它是什么呢？是一份好的工作，还是通向更高学府的绿卡？也许，都不是。因为你是独一无二的，你的梦想也是独一无二的。

　　梦想是实现自我的动力，我们要追寻什么样的人生价值，怎样才能让我们活得更有意义，这些都要通过我们的梦想得以实现；梦想带来积极向上的情绪，有梦想的人是幸福的，就像暗夜里的北极星，给人以方向，给人以安全，给人以希望。梦想让我们更加懂得爱惜自己、珍爱生命，实现梦想的过程也是体验生命的过程，通过实现梦想的努力我们会更加明白生命的意义。

　　那么怎样才能使我们更加接近我们的梦想呢？在这本书的阅读中也许你已经有了答案。其实，重要的还有两点：

　　一是，经常描述你的梦想。不要让我们的梦想尘封于我们心的一隅，要经常地面对它，细致地描述它，让它尽量清晰地出现在你的眼前。它会带给我们前进的动力、心灵的满足。

　　二是，把梦想大声告诉你身边的人。有人说，经常把自己的想法说出来的人更容易让想法变成现实，是有道理的。把梦想说出来，让别人知道它的独特和存在，对你是一种动力和鞭策，同时在别人期许的目光里你也会感到关注和幸福。这些都有利于我们实现自己的梦想。

☺ 心域行走

案例讨论：为什么这是一份无法实现的计划

　　雨霏是一个刚刚走进大学的女孩儿，她暗下决心：一定要努力学好每一门功课，让自己成为一个"专业人士"。在她走进学校的那个细雨纷飞的下午，就给自己做了一份详尽的计划：

　　7：00 起床

　　7：30 洗漱完毕，跑步10分钟

　　7：45 吃早餐

　　8：00 上课

　　12：10 吃午饭

　　2：00 上课

　　5：30 吃晚饭

　　6：00 上自习，学习专业知识，学习英语

　　10：30 洗漱，睡觉

但她很快发现，这是一份实现不了的计划。早上的被窝太舒服了，等一眨眼，早过了七点半的钟声。晚上按时睡觉的计划也泡汤了，同宿舍的姐妹们都在通宵鏖战，自己怎么也睡不着。这样，一天过去了，两天过去了，一星期过去了，两星期过去了，一个月过去了。渐渐地她发现，这是一份根本"不可能"实现的计划。而且她惊异地发现，原本"特立独行"的自己已经"泯然众人矣"，不可能啊，我怎么会逃课，我怎么也会对老师的作业"视而不见"？自己离一个好学生已经越来越远了，怎么了？是我变坏了吗？随之而来的是，雨霏对自己越来越没有信心了，甚至她发现，自己上大学"本身就是一个错误"，"没有好的同学，没有好的环境，天天在混日子，我将来能做什么啊"。她迷惘了，在一次次的反思与自责中，她陷入了深深的焦虑……

然后思考雨霏的计划有什么问题吗？无法实现这份计划的原因是什么？如果让你帮他调整，你会怎么做？

可以参考的角度：缺乏明确目标；计划设置过于详细；没有考虑环境因素，没有机动处理的部分等。

☺ **超级测试**

应付逆境能力的心理测验

下面有 8 道题目，请根据自己的真实情况记录回答结果，答"不对"计 1 分，答"有些对"计 2 分，答"很对"计 3 分。最后看看自己属于哪种情况。

1. 我对生活中某些事物有贡献（例如家庭、学校、教会和团体等）（　　）

2. 我对自己实现既定目标的制度感到满意（　　）

3. 明智比运气更重要（　　）

4. 运气的来临归功于往日的努力（　　）

5. 如果锲而不舍，最终会创出新的天地（　　）

6. 人生在世，最好顺应环境，因为人很难改变命运（　　）

7. 对我来说，适应新环境是不难的，比如转学、搬家及和陌生人见面（　　）

8. 我不难相信别人，也很容易跟别人建立友谊（　　）

计分与评分方法：

将 8 道题目的得分相加，得到测验的总分。

15 分以上（含 15 分）：自信和毅力在常人之上。遇到危难时，你具有更大的韧性克服困难，别人有困难时，你也是很有力的支持者。

11—14 分：你总会克服困难，但所需要的时间可能会长一些，对一般生活中遇到的挫败你都可以克服。

8—10 分：你有几分懦弱，经不起挫折。最好的办法是找到生命中有意义的奋斗目标，以积极、自信的态度朝着目标努力。

第三节　大学生职业生涯规划

☺ 心理之窗

李军今年大三了，大一、大二的时候李军大部分时间忙着学习、社团等事情，对于未来没有很多考虑，总是认为车到山前必有路。可是现在大三了，李军不得不考虑毕业之后的问题。他所学的专业是社会工作，可他对这个专业并不感兴趣，他更想毕业后做一名公务员，但是又觉得自己的性格和能力与公务员有些差距，而且面对激烈的公务员招聘竞争，他心理一点底都没有。后来，李军又想考研，但是他却不知道自己对什么感兴趣，对于到底考哪个专业，非常的纠结。最后，当李军决定毕业直接找工作的时候，却发现简历上空空的，能够写上去的东西太少了。

李军的困惑是很多大学生常见的困惑，很多大学生在毫无准备的情况下面临毕业找工作的问题，不得不思考未来的职业出路，可是这个时候他们往往非常的迷茫，这种迷茫的原因来自于大学生在职业生涯规划方面缺乏思考和准备，他们不了解自己，也不了解社会，对于未来的职业目标更是一无所知。大学生职业生涯规划的现状非常令人担心，值得高校教育部门、广大家长以及大学生自己反思。

一　当前大学生职业生涯规划的现状

职业生涯规划又叫职业生涯设计，是指个人与组织相结合，在对个人职业生涯的主客观条件进行测定、分析、总结的基础上，对自己的兴趣、爱好、能力特点进行综合分析与权衡，结合时代特点，根据自己的职业倾向，确定其最佳的职业奋斗目标，并为实现这一目标做出行之有效的安排（即行动计划），既包括个人对自己进行的个体生涯规划，也包括组织对员工进行的职业规划管理体系。

大学生的职业生涯规划属于个人职业生涯规划的范畴，学习是大学生在校期间的核心任务和责任，因此大学生职业生涯规划的重点就是在校期间的学习和生活规划。大学生职业生涯规划存在下面几个问题：

1. 缺乏自我了解，不能准确评价自己

了解自我是职业生涯规划过程中的一个起始环节。客观全面的了解自己，知道自己的兴趣和特长，是进行有效职业生涯规划的前提。但是，目前很多大学生在认识自我的方面比较片面，甚至有些同学最大的苦恼就是不知道自己想干什么，也不知道自己适合干什么，不了解自己的兴趣和爱好。这样的背景使得大学生在进行职业生涯规划的时候容易走两种极端：第一，过分认可自己，觉得自己非常优秀，可以胜任很多工作，只看到自己的优势，而忽略了劣势，使自己陷入自负的境地。第二，过分的自卑，习惯性的否定自己，看不到自己的优势，认为自己一无是处。前一种情况让很多大学生在求职的时候好高骛远，职业发展期望值过高。后一种情况则让大学生产生不知从何规划甚至逃避求职的想法。

2. 规划意识比较薄弱，甚至觉得没有规划的必要

大学生职业生涯规划的问题日益得到高校的重视，但针对于此的系统性教育在高校并没有广泛地开展起来，即使开展了也没有得到大部分同学的重视。很多大学生缺乏自觉进行职业生涯规划的意识，不少大学生认为谈职业生涯规划是一件奢侈的事，他们觉得竞争这么激烈，工作这么难找，工作都只能随行入市，规划半天又有什么用呢。还有一部分大学生对职业生涯规划的认识有误区，他们觉得规划就是让自己将来有一份好的工作，如果没有这个功能，那还是算了吧。他们不知道职业生涯规划更重要的是帮助自己了解兴趣、优势、潜力等，让自己可以更加有针对性地为将来做准备。

3. 职业目标比较单一，就业理念陈旧

受社会风气的影响，不少学生抱有一定的功利心理，渴求求职过程

一步到位，盲目追求高收入，盲目追求"体制内"的铁饭碗，缺乏艰苦创业的心理准备，缺乏从基层做起的决心。目前很多大学生的职业定位是"三大"（大城市、大企业、大机关）、"三高"（高收入、高福利、高地位），就业目标定位过高，但现实又是处处碰壁，让自己陷入"英雄无用武之地"的无奈和抱怨中。社会在高速发展，职业模式越发多元化，很多传统的理想职业已经发生变化，大学生必须更新就业理念，最适合自己的才是最好的。

4. 规划缺乏可操作性，付诸行动的能力较弱

虽然大学生对职业生涯规划有所了解，具备了初步进行职业生涯规划的意识，许多人也制订了自己的职业生涯规划，但规划和实际的行动没有统一起来，没有认真按规划执行，而是规划完就了事，把制订的职业生涯规划束之高阁。例如：有的学生虽然制订了职业生涯总体规划，但是没有阶段性的计划；又或者是有阶段性的计划，但是没有具体细化，缺乏可操作性，不知道可以在现实的学习中要做哪些事情，结局就是一边规划未来，一边颓废当下。

二 大学生职业生涯规划的准备事项

1. 了解自己，准确自我定位

开展职业生涯规划，首先应该提升自我评估与定位的能力。了解自我的途径是多方面的，例如可以通过一些职业测评系统来客观了解自我，客观地了解自己的职业倾向、职业兴趣、性格、能力等。也可以跟父母、老师和身边的同学多沟通，通过他们的反馈来了解自己的能力、智慧、优势、差距等等，以此避免规划的盲目性。但更重要的是，大学生应该积极参加各个领域的实践活动，在活动中看到自己的潜力和特长。

2. 学好专业技能，具备良好的专业素养

要想在激烈的社会竞争中实现自己的职业生涯规划，体现人生价值，当代大学生必须全方位提高社会所需的专业知识水平，增强职业竞争能力。第一，必须构建合理的知识结构。首先，应加强业务知识的学习，夯实理论基础。其次，应加强科学研究，深化对知识的理解，强化各种专业技能。最后，应增加文理学科的融合，扩大自己的视野。第二，培养综合的职业竞争能力。大学生进行职业生涯规划除了构建自己

合理的知识结构外，还应具备从事本行业的基本能力和某些专业能力。大学生只有将合理的知识结构和社会需要的综合能力结合起来，才能在激烈的就业竞争中取得相对的优势。

3. 具备良好的心理素质

当前大学生的心理素质问题备受社会关注。确实有一部分大学生因为压力太大而罹患各种心理障碍和心理疾病，阻碍了大学生的个人发展，不同程度地影响着大学生顺利走向社会。因此大学生必须保持积极健康的心理状态，不断提高心理素质。具体来说，首先，要增强心理承受力和耐挫折能力。大学生在择业过程中会碰到各种障碍，受到各种挫折，应学会以比较冷静和坦然的态度正确对待；其次，要学会自我欣赏与自我接纳，对自己的行动持认可态度，敢于竞争，不怕失败；最后，培养积极乐观的人生态度，正确对待挫折，从中吸取经验教训，重新寻求目标。

4. 学会交往，建立良好的人际关系

人际交往，对于保持社会组织内部的各种秩序和联系，对于保持和增强对外的沟通和联系，对于协调各种关系，对于提高工作效率，以至推进社会的发展，都具有重要意义。离开社会的交往环境，离开与他人的合作，个体无法成为一个合格的社会人。

5. 大学生应自觉树立正确的世界观、人生观、竞争观

培养积极乐观、健康向上的人生态度。坦诚面对现实，开拓思路，转变观念，树立先就业、后择业的创业观念，将时代发展、社会需要和个人前途三者有机结合起来，到国家急需人才的地方建功立业。

三　利用 PDCA 理论提升大学生职业生涯规划实效

（一）PDCA 理论介绍

PDCA 循环理论又名戴明环，由美国质量管理专家戴明提出，开始主要用于全面质量管理方面，后来逐渐应用于其他方面。PDCA 是由 Plan（计划）、Do（执行）、Check（检查）和 Action（处理）的第一个字母组合而成，PDCA 循环是按照计划、执行、检查与处理四个阶段进行管理，并且循环进行的一种质量管理理论。

（二）大学生职业生涯规划 PDCA 循环发展路径

大学生职业生涯规划可以根据 PDCA 循环发展路径进行具体操作。

根据 PDCA 模型大学生职业生涯规划可以分五个主要阶段来实施。具体包括自我探索、探索工作世界、决策、求职行动以及评估，并且每一个阶段又都可以进行一次 PDCA 循环改进，这样形成了内循环和外循环互相促进的立体循环体系，促进大学生职业生涯规划实施效果的不断提升。

1. 自我探索阶段

在大学生职业生涯的自我探索阶段，主要是大学生自我探索和自我了解的阶段，一般需要对自己的兴趣、性格、能力及价值观等四个方面做分析，结合这四个方面的分析结果综合评价自我。结合 PDCA 循环理论，可以首先制订兴趣、性格、能力及价值观等四个方面探索的具体计划，比如根据大学生本人的实际情况，选择不同的探索工具和方法并且制定实施的计划；然后按照计划采用具体的工具和方法进行测评；接着总结分析探索的结果可靠性，并找出可能出现的问题；最后对测评结果进行对比分析，如果还有一些方面没有测评清楚，可以进一步评估和检测。

在进行自我探索的阶段，大学生重点需要克服的就是过分自卑和过分自负的心理。过分自卑说明大学生在评估自己的时候，过于看重自己消极的方面，总是用批评、指责式的心理模式，觉得自己一无所学、一无是处。而过分自负又说明大学生在评估自己的时候，盲目乐观，看不到自己的不足之处，两种心理就像太阳只能照到一半的地球一样，让大学生只看到自己的一部分，不能进行全面而客观的自我认识。

2. 探索工作世界阶段

在大学生探索工作世界（即外部世界探索）阶段，通常需要利用各种途径和方法了解外部工作世界的具体要求，经常采用的方法有生涯人物访谈、实地调研工作岗位、人才市场、校园招聘会、实习等。如果采用生涯人物访谈来探索外部世界，需要首先制订生涯人物访谈的具体计划，比如根据大学生本人的具体情况，选择不同的生涯人物访谈对象，确定访谈时间地点、访谈大纲等；然后按照访谈计划进行前期准备并按时赴约。

为此，大学生必须有了解社会、接触社会的意识。一些同学在大学里"两耳不闻窗外事，一心只读圣贤书"，无法将自己当下的努力和这个社会的需求以及特点契合起来，后果将是读自己的书，却无法走自己想走的路。因为大学生不能忽略的一个事实就是未来的人生自己只有一半的决定权，另外一半要交给社会和环境。"我想当一名国家公务员，我为此特别努力，付出了很多。"这种努力和付出就可以保证你真的能成为一名公务员吗？答案肯定是否定的，一个目标是否可以实现还取决于这个社会所赋予人的机会和条件。因此大学生必须了解社会，洞察周围的环境，将自己的职业规划与外部的工作世界结合起来。

3. 生涯规划决策阶段

在进行了自我探索和外部工作世界探索阶段之后，通过内外部结合分析，进行生涯决策，能够在自我特点与外部工作世界之间找到交叉点。需要说明的是生涯决策有时候需要平衡各种因素，综合考虑。同时更需要有所取舍，通常是"鱼与熊掌不可兼得"的情况，生涯决策是一种抉择，需要面对的勇气和坚定自我的信念，否则很容易出现决策的摇摆。

选择往往是一件很痛苦的事情，在进行生涯规划决策的时候也是如此。很多学生习惯在进行选择的时候做利弊的列表，进行权衡后决定向左还是向右。可是最后的结果是利弊优劣分析得已经很清楚了，但是选择却依然彷徨不定。为什么会这样呢？其实生涯决策不仅仅是一个选择的过程，更是一个取舍的过程，一个需要勇气和自信的过程。也就是说，大学生朋友们在进行自己的生涯决策时，寻找一个最佳的、最可能成功的路径是次要的，更重要的是要做好"选择了就不后悔""愿意承担这份选择带来的一切后果"的心理准备。

4. 求职行动阶段

求职行动是大学生职业生涯规划比较重要的一个阶段，包括求职准备、求职礼仪、面试、签约等一系列过程。在求职行动阶段，结合 PD-CA 循环理论，首先制定求职的具体计划；然后按照计划进行前期的个人简历、求职服装、发型及求职礼仪、面试时可能遇到的问题进行准备与实施；接着根据面试的结果总结分析，哪些地方自己做对了，哪些地方自己还有待改进；最后对面试结果进行分析，如果没有面试成功，原因可能是哪些方面的，从而提高自己的面试成功率。

大学生一定要有"落实到行动"的执行力。如果光想不做、光说不做，那就是空想家。如何可以落实到行动，需要的是大学生的勤奋和坚定的意志力。一个最终能做出一番事业的大学生往往不是依靠最初做了一个很英明的选择，而是一步一步的坚持和踏踏实实的苦干。试想如果连一份简历都懒得投，一个稍微远点的面试就直接放弃，那么好的工作怎么可能自己从天上砸下来给你呢？

5. 生涯规划再评估阶段

再评估及调整阶段常常被大学生所忽视，这也是从一个侧面说明为什么许多大学毕业生刚刚参加工作不久就经常换单位。如果工作一段时间后，感觉自己实在不适合目前的工作，结合 PDCA 循环理论，可以首先制定再评估的具体计划；然后按照计划进行再评估的实施；接着根据评估的结果总结分析，究竟自己不适应工作？还是工作不适合自己？最后对评估结果进行分析。

生涯规划是一个需要不断再评估的过程，因为我们对自己和对环境的了解都不是一蹴而就的。这种不断的再评估对年轻的大学生来说其实是一次又一次的机会，意味着某个阶段的规划即使不合理、不成功，也还有很多的机会去重新开始。一些大学生在职业规划的时候，都希望是一步到位，必须找到自己最喜欢的、最适合的、最有前途的工作，如果找不到的话，似乎整个人生都失败了。这样的想法大大局限了找工作的范围，以至于很多大学生觉得自己找不到工作，更找不到让自己满意的好工作。其实所谓最喜欢的、最适合的、最有前途的工作都是需要经历反复的尝试、不断的摸索和多次的评估，才能找到的。

☺ 心域行走

绘制自己的生命线

请备好一张白纸以及各种颜色的铅笔。画的步骤如下：

1. 标示生命的起点和终点

在纸的中部，从左至右画一道长长的横线，长度随意。然后给这条线加上一个箭头，让它成为一条有方向的线。在线条的左侧，写上"0"，线条右方，箭头旁边，写上你估计自己可以活到的寿命，比如66、78 或是 99。这条标线的上方，写上你的名字，再写上"生命线"。这个线条，代表了你的生命的长度。它有起点，也有终点，你为它规定了具体的时限。

2. 回顾过去

按照你为自己规定的生命长度，找出你现在的那个点，留下一个标志。之后，请在这个标志的左边，即代表过去岁月的那部分，把对你有着重大影响的事件标出来。比如你六岁上学了，你就找到和六岁相对应的位置，填写上学这件事。如果你觉得是件快乐的事，可以用颜色鲜艳的笔来写，并要写在生命线的上方。但如果你觉得是比较悲伤的事情，可以用颜色比较灰暗的笔来写。以此操作，你就用不同颜色的彩笔，记录了自己在今天之前的生命历程，比如10岁那年遇到自己最好的朋友，14岁的时候自己曾经生了一场大病，18岁的时候终于考上大学等。

3. 规划未来

完成了过去时，我们进入将来时。拿起笔之前，需要好好地思考一下，把你一生想干的事，都标出来。如果有可能，尽量把时间注明。如果它是你的至爱，是你最渴望的东西，就请用鲜艳的颜色表示。当然，你也可以设想在将来的生涯中，会有哪些挫折和苦难，有悲有喜，这样我们的生命线才称得上完整。

最后画完之后可以思考一下：我已经走过的生命历程怎么样？对于将来的生活我该做好什么样的准备？对于"活在当下、珍惜此时此刻"这句话应该怎么理解？

第八章　人生的第一课堂
——了解家庭

　　我们都来自家庭，都是在家庭中长大、学习做人，家庭是一个人出生的地方，每个人都对自己的家庭或多或少有依赖的倾向。家庭对一个人一生的发展有至关重要的意义。而上了大学的同学们，往往是第一次离开家庭、第一次独立生活，这种分离会带来很多问题，或许家庭的困难你把它带到学校了，或许离开家庭自己变得无法独立了，或许觉得自己的学习状态对不起辛苦的父母们。家庭是如何影响我们的，作为大学生应该如何处理各种家庭问题，是本章重点讲述的内容。

第一节　家庭如何塑造你
——家庭的影响

☺ 心理之窗

我想有个家
一个不需要华丽的地方
在我疲倦的时候　我会想到它
我想有个家
一个不需要多大的地方
在我受惊吓的时候　我才不会害怕
谁不会想要家
可是就有人没有它
脸上流着眼泪　只能自己轻轻擦

我好羡慕他

受伤后可以回家

而我只能孤单地　孤单地寻找我的家

虽然我不曾有温暖的家

但是我一样渐渐地长大

只要心中充满爱　就会被关怀

无法埋怨谁　一切只能靠自己

虽然你有家　什么也不缺

为何看不见你露出笑脸

永远都说没有爱　整天不回家

相同的年纪　不同的心灵

让我拥有一个家

这首《我想有个家》，让我们看到人们对家的渴望和依赖，家庭对于每个人来说都很重要，但是并不是每个人都可以从家庭中得到温暖和成长，相反却会有伤心、难过，下面我们将讨论一下一些不利的家庭因素对大学生的心理影响。

一　家庭的定义及功能

家庭是指在婚姻关系、血缘关系或收养关系基础上产生的，亲属之间所构成的社会生活单位。家庭是社会最基本的细胞，是最重要、最核心的社会组织，也是最重要、最基本、最核心的经济组织，还是人们最重要、最基本、最核心的精神家园。家庭健康的可持续发展是社会稳定发展、国家稳定发展的基石。家庭的主要功能有：

1. 社会化功能，即教育和抚养儿童，使之适应社会

家庭从很多方面讲，都很适合承担社会化任务。它是一个亲密的小群体，父母通常都很积极，对孩子有感情，有动力。孩子常常在依赖下，将父母看作权威。可是，家庭并不总能很有效率地完成孩子的社会化培养。越来越多的学校和专业机构担负起这方面的责任。

2. 情感和陪伴核心功能

在现代社会，对成人和孩子来说，家庭是情感陪伴的主要源泉。对儿童来说，缺少父母的关爱会导致智力、感情、行为等方面的成长受到

伤害。

从一些现状来说，家庭规模日趋微化，新婚夫妇日趋单独居住，而人们又很少能从家庭以外获得友谊和支持，迫使家庭成员在情感和陪伴上彼此深深依赖。提供情感和陪伴已成为现代家庭的核心功能。

3. 性规则

对社会来说，性关系到怀孕，不是个人的事。所以在一般的社会里，强烈提倡合法生育和性规范的制度化，为的是使儿童能够得到良好的照顾和平稳的代际过渡。家庭恰恰可以实现这一功能。

4. 经济合作

对以前的，或者乡土气息浓厚的农村家庭来说，家庭通常是一个生产的主要单位。而在现代社会，随着工业化、信息化、城市化、现代化的发展，家庭的主要经济功能由生产转变成了消费，如汽车、房屋、电器的购买，等等。

二 家庭不利因素对大学生心理健康的影响

1. 家庭教育方式不当

孩子是最好的投资了。

你别老土了，现在就是比孩子，不比老公了。

小青有九本故事书，小新有七本连环画，小青拿三本故事书，换小新两本连环画，小青小新各有多少本书。（小升初考试题）

你知道现在学区房多贵吗。

我闺女她们学校还发拉杆箱呢，一个个跟空姐似的。

人生绝对不能输在起跑线上。

这是热播电视剧《虎妈猫爸》中的经典台词，通过这些台词，你能体会到当前家庭教育的现状和一些主流观念吗？随着《虎妈猫爸》的热播，孩子的教育问题成了时下热门话题。当毕胜男看到与女儿同龄的孩子竟然识字量上千，能解答那些弯弯绕绕的数学题，而自己的女儿啥都不会时，心里是什么滋味儿啊！但是一个已经上了大学的学生看了此剧又是如何看待呢？据说一个大学生看了这部剧之后，第一时间和父母打电话，开始痛斥父母当年对自己不合理的教育。确实由于各种因素的影响，当前的家庭教育还存在很多问题，这种不合理的家庭教育方式会给孩子带来一系列影响，包括上了大学后的心理状态。具体的不合理方式如下：

（1）过于溺爱，有求必应

由于受中国传统的多子多福思想的影响，中国人对现在的独生子女（特别是老人）很不适应。因此对孩子宠爱有加。"捧在手里怕摔了，含在嘴里怕化了"，对孩子一百个不放心。什么事都不让做，什么东西都不让接触。导致孩子自理能力、处理问题的能力缺乏。另外，对孩子的要求到了无原则满足的地步，有求必应，千方百计满足孩子的各种需求（甚至是非分的要求），生怕委屈了孩子。长此以往养成了孩子自私、偏执、任性、霸道、唯我独尊、受不得半点委屈的毛病。对人缺少耐心、缺少爱心，经受不起挫折。遇到问题不是逃避就是采取极端手段，既伤害了别人，也毁了自己。

（2）不负责任，放任自流

与溺爱的家长相反，有些家长对孩子根本不闻不问。特别是许多年轻的家长，他们只图自己生活得开心，把教育孩子当成是一种负担。现在许多留守儿童的家长中就存在这种现象。不可否认，许多家长不把孩子带在身边是因为经济原因，但有些确实是图自己省心，把孩子交给爷爷奶奶照管，没有尽到爸爸妈妈应尽的教育责任。爷爷奶奶往往只管孩子的生活，并不对孩子进行各方面的教育，导致孩子养成许多不良行为习惯。而有些孩子虽然在父母身边，但父母忙于工作，也很少和孩子沟通、关心孩子的学习和心理健康。随着离婚率的攀升，许多单亲家庭的孩子也越来越多。缺少家庭关爱和教育，往往导致他们成为问题少年。这些长期得不到父母关爱、和父母缺少沟通的孩子，他们对人冷漠、不诚实、不信任他人、缺乏责任心、缺少安全感。

（3）简单粗暴，方法不当

可怜天下父母心，有些父母"望子成龙、望女成凤"的愿望迫切。他们时刻关注孩子的一举一动，生怕孩子走上邪路。关心孩子的全部生活，应该说他们是称职的父母。但效果如何呢？事实证明他们并不是合格的父母。因为他们只关心孩子的身体，没关心孩子的心理；他们只关心孩子的学习，不关心孩子的内心；他们只关心孩子的物质生活，不关心孩子的精神需求。一旦孩子违背了自己的意愿或是没有考到自己满意的成绩，轻则讽刺挖苦，重则打骂，最后导致孩子觉得学习完全是一种负担。还有的家长喜欢拿自己的孩子和人家攀比，打击孩子的积极性。

他们坚信"棍棒底下出孝子""不打不成才"。他们不知道时代变了，人才观变了，对孩子教育的方式方法也要发生转变。

（4）过于严厉，过分关注成绩

过分关注孩子的学习成绩，对待孩子的学习问题非常严格，为了提高学习成绩不让孩子出去玩，不让孩子有时间交朋友，压抑个人的兴趣和爱好，似乎孩子只有学习一件正事；每次考试后都迫不及待地想看到孩子的分数，一旦成绩不理想，则表现出过分的焦虑，每天跟孩子唠叨成绩不好需要提高，想方设法地让孩子努力，提高成绩。

（5）对子女的期待太高

每个父母都有"望子成龙、望女成凤"的情结，也许是把他们的理想寄托在下一代的身上，也许是希望孩子出人头地，自己脸上有光。甚至希望从孩子身上，得到别人羡慕的眼光，找到成就感。

2. 早期亲子分离或者忽略

社会的进步，导致当今的父母都要出来工作，隔代抚养变得非常流行，很多大学生是跟着爷爷奶奶和外公外婆长大的。教育学家孙云晓通过大量调研发现，在我国70%的"隔代抚养"都不成功，老人对于孩子的生理保育多于培养教育，使孩子形成了骄横、任性的性格，而且和亲生父母情感产生疏远，内心更容易感觉到孤独和无助。

刚上大二的婷婷，一岁半时被送回老家由奶奶来抚养。当时交通不便，且父母工作忙，再加上弟弟妹妹相继出生，她直到四岁才再次见到父母。父母在她眼里完全是陌生人，别人让她喊爸爸妈妈，她很想喊，可是喊不出来，为此还遭到批评。两年后，父母准备把婷婷接到身边。当她知道这件事时，恐惧大于兴奋。用她的话说就是："我和父母之间永远也不可能有弟弟妹妹和父母间那种贴心贴肺的感觉，我永远觉得自己是个孤儿。"

3. 父母的离异或者争吵

某女生口述实录：很小我就记得爸爸打妈妈，爸爸喝酒、打牌，经常半夜听到他们摔东西，把我吵醒了，就算我哭了也不会管我。上五年级后搬家，他们经常吵架，一个月打两到三次架，妈妈也开始打牌了，经常晚上把我哄睡了就出去打牌，半夜我醒了发现只有我一个人在家，就会一直哭，直到哭累了也就睡了，那样直到我上初三才好多了。至于我爸，在我高一以前，完全没有他是我爸的感觉。他喜欢儿子，在外面，有很多干儿子，他只给他们买东西、带他们玩，让我觉得如果我是男孩或许爸爸就不会这样，他就会爱我。现在，父母有共同的目标了，让我考大学。当然是艺体类，舞蹈课、钢琴课、声乐，真的好累，真的适应不过来。还要抓文化，只要看到我在玩就不停地念叨我，从来就没想过我的想法，不了解我还打击我的心理，给我施压！如果我考不上大学，我想我真的会自杀的。上了大学后，也经常为家里事情烦心，爸爸妈妈一吵架就会给我打电话，特别是妈妈，她很无助，我也不知道该怎么帮她，但是又很担心她，觉得自己很无能。

看了上面的文字，也许我们会觉得痛心。但是实际生活中，很多这样的家庭争吵给孩子带来特别大的心灵创伤。

父母离婚或者争吵会给孩子带来很多负面影响，特别是现在很多时候，离婚的过程并不是那么愉快，充满了愤怒、仇恨和不信任，这些负面的情感，会给孩子的各方面造成阻碍。美国一些学校的心理学家就离婚对儿童的影响进行了调查，他们发现父母离婚对儿童有着不同程度的影响。不同年龄的离婚家庭，儿童的适应和反应是不同的：（1）2岁半—3岁3个月儿童表现出的是倒退行为。（2）3岁8个月—4岁8个月的儿童表现出易怒、攻击性行为、自我责备和迷惑。（3）5—6岁的儿童表现出更多的焦虑和攻击性行为。（4）7—8岁儿童表现出悲哀、害怕以及希望和解的幻想。（5）9—10岁的儿童表现出失落感、拒绝、无助、孤独及愤怒与忠诚的矛盾。（6）11岁以上的儿童表现出悲伤、羞耻，对未来和婚姻感到焦虑、烦恼、退缩。

4. 家庭的贫困

美琪来自单亲家庭，家庭的全部经济来源就是家里的那几亩地。为了摆脱贫困，美琪拼命读书，终于考上了大学，来到了大城市生活。可是进入大学后，美琪遇到了很多问题。在这个大城市里，第一次坐电梯，第一次使用ATM，第一次接触电脑，第一次去了所谓的超市"沃尔玛"……而无数个第一次都留给美琪很深的感触，同时也越发地自卑。自己没有任何特长，不会Hip-Hop，不会R&B，不会吉他，不会钢琴，不会交友，只是默默地坐在角落里，没有人注意的时候可能是自己最欣慰的时候。

大城市的生活是十分的精彩，但是却不属于美琪，美琪觉得自己永远也不会属于这里，她想逃离，却又不知如何逃离！

经济的贫困会给大学生带来很多负面影响，有研究者（董玉节，2008）指出贫困大学生最容易产生三种负面情感：

首先是强烈的自卑心理。贫困生由于经济条件差，对"缺钱"的困窘体验比其他同学更为强烈，觉得自己寒酸而滋生自卑感。这种心理在贫困生中很普遍。

其次是过重的焦虑感。过重的学费及生活费压力，迫使贫困生在平日的生活中不得不精打细算，斤斤计较，因而与非贫困生相比显得做事优柔寡断，对同学聚会、集体活动的"破费"更是顾虑重重，他们为生存而焦虑；贫困生最大的愿望是以优异的成绩慰藉亲人的一片苦心，但是，由于经济条件的限制及各方面的压力，并非是人人如愿，少数贫困生成绩平平，甚至有些功课很差，他们为学习而焦虑；虽然已经成年，但贫困生仍然需要父母为自己节衣缩食，终日辛劳，贫困生常常挂念家庭，内心时时感到沉重无比，常常失眠，深感疲惫和困倦，他们为家庭而焦虑；和其他大学生一样，贫困生也有对理想的追求和对未来美好生活的憧憬，但是，理想与现实的冲突、社会贫富的巨大反差等，使他们对未来非常迷惘，缺乏信心，他们为未来而焦虑。

最后就是极强而又脆弱的自尊心。贫困生大都是在比较艰苦的环境下刻苦学习而拿到梦寐以求的大学录取通知书的。他们的成功在故乡受到了父老乡亲的赞许和同龄人的钦佩，这使他们骄傲，为他们赢得了自尊。为了保持这种自尊，他们在大学里往往羞于言贫，害怕被人看不起，不愿意别人了解自己的状况，在人际交往中总是小心地避免涉及经济问题。适度的自尊心有利于个体身心的发展，而过于自尊则会顾及他人对自己的评价和态度，是一种有害的情感体验，会引发较重的妒忌心。高校贫困生因为经济不如其他同学，出于自我保护的需要，他们的内心尤为敏感，容易产生嫉妒心理。有部分贫困生不能很好地正视家庭经济条件与他人的差距，当发现自己无论学习还是智力、能力等自身条件并不比富裕同学差，甚至优于他们，仅因为出身和成长条件差，就不公平地"低人一等"，从而在心理上极易产生不平衡感。

5. 过高的期待

做父母的都有这样一种倾向，就是不自觉地把对完美性格和习惯的期待投射在孩子身上，希望孩子按照我们期待的模式成长。特别是孩子进入大学后，父母似乎觉得更加有希望让孩子实现自己不曾实现的期望了。可是这种期待对于当今的大学生来说往往是沉重的压力。随着就业竞争的加剧，大学生不再是天之骄子，上了大学也有可能找工作困难，而且还会面临各种各样的困难，这个时候很多同学就会觉得自己无法面对父母的期待，他们内疚、自责、焦虑，但是又不知如何改变。想想看，父母把自己人生的期待加到孩子的头上，那么孩子的人生还是属于自己的吗？通过下面的故事，我们可以明显地看到这一点。

吴磊是一位大二学生，父母对他要求极为严格，高中的时候就要求他的学习成绩一定要排在全校前十名。那个时候吴磊的生活中，除了读书，还是读书，就算暑假寒假，吴磊不但不能休息，反而比上学更累，因为一大堆补习班在等着他。没有娱乐、没有朋友，只有写不完的试卷和作业。上了大学后，吴磊觉得也许父母就不这么严格了，可是吴磊的父母要求他从大一的时候就开始准备考研，每天打电话询问几点起床、是否去自习、学习了几个小时、读了哪些书等，因为吴磊的父母希望他可以留在北京，但是没有研究生学历留在北京是不可能的。但对吴磊来说，这些要求搞得他非常的烦躁，特别是吴磊经常难以达到父母的要求，他越来越厌倦学习，反而开始网络游戏，而且一发不可收拾。

☺ 心域行走

一 体验父母对自己的影响

在纸上画上三个圆圈，互相交叉，如下图所示。交叉的部分代表自己和爸爸或者妈妈比较相似的部分，独立的部分代表每个人所特有的部分。然后思考：

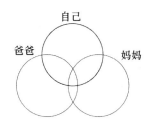

1. 爸爸妈妈分别给自己的影响是什么？

2. 自己和谁更像，自己怎么看待这样的结果？

3. 自己对爸爸妈妈是不是非常了解？

二 家庭事件访谈

找一个信任的人，就下面这些问题互相采访，采访结束后分享彼此的感受

1. 你一、两岁的时候，你在哪里，跟谁一起住？

2. 告诉我你对你自己出身（诞生）的了解。

3. 你认为你的出生为你的父母带来了什么意义？

4. 二到七岁时，你在哪里，与谁同住？

5. 简单地描述当时你母亲的状态。

6. 简单地描述当时你父亲的状态。

7. 小时候，当大人生气或不高兴时，你通常都会做些什么，你通常有什么感觉？

8. 小时候，你最喜欢父母中的哪一位？为什么？现在还是这样吗？

9. 你认为你父母在你还是小孩时面临的问题是什么？

10. 小时候，你如何去面对你父母的问题？

11. 七到十二岁时，你在哪里，与谁同住？

12. 当你父亲对你不满意时，他会说些什么及做些什么？

13. 当他对你满意时，又会说些什么及做些什么？

14. 当你母亲对你不满意时，她会说些什么及做些什么？

15. 当她对你满意时，又会说些什么及做些什么？

16. 青春期时，你在哪里，与谁同住？

17. 简单地描述青春期的你。

18. 在青春期，父母对你而言意味着什么？

19. 如果可能改变，你希望小时候你的母亲会有什么不同？

20. 如果可能改变，你希望父亲会有什么不一样？

21. 如果你的父母有机会在你年幼时参与很好的心理治疗，你认为他们应该在哪一方面需要做出自我改变？

22. 谁和你一起生活在现在的家里？你家谁说了算？谁说话最不算数？为什么这样？

23. 你对你现在的家庭满意吗？为什么？

☺ 超级测试

有关原生家庭的问卷

下面有 15 道题目，你根据自己的家庭情况，回答 yes 或者 no。

1. 你家里是否常常吵架吵得很凶？

2. 你是否有时感到与父母兄长谈话时要小心？

3. 你的父母是否感到受赚钱致富，或其他的内在压力、冲动，或强烈愿望驱使？

4. 你的父母是否感到必须对外维持某种形象？

5. 你的父母常常挑剔和批评你吗？

6. 你常觉得自己成绩表现良好的时候，比成绩表现不佳时更加被家人喜悦和接纳？

7. 每当起冲突的时候，你的家人用言语互相攻击辱骂？

8. 你在家里是否感到单凭一个人说的话，有时很难了解他/她的真正意思？

9. 你家里是否有一个蛮横支配家里其他人的人物？

10. 你是否觉得有的家人你必须要常常附和着才行，不然就会起争端？

11. 你青少年期间会感到在家人面前不可以自由发挥吗？

12. 你在外面遭受挫折或欺负、伤心难过时不向家人倾诉吗？

13. 当你希望休息、放松或娱乐时，你宁愿选择到外面去玩，而不是回到家面里吗？

14. 作为一个孩子，你有时不喜欢全家人围聚一处的时光吗？

15. 你认为你家庭的情况与其他人相比很普通吗？

计分与评分方法：

回答 yes 计 1 分，回答 no 不计分，得分在 0—5 之间，说明你拥有一个健康的家庭；得分在 6—10 分之间，说明你的家庭是一个注重表现的家庭；得分在 11—15 之间，说明你的家庭是一个充满各种问题的不健康家庭。

第二节　不是你的错
——如何应对家庭的影响

☺ 心理之窗

看过印度电影《三个傻瓜》的人也许觉得这只是一部搞笑片，但这部影片更深入的主题是关于成长，在不到三个小时的影片中，我们看到了在各种各样的环境中成长起来的人的不同人生：从一出生就担负着父亲所寄予的"将来一定会成为工程师"的厚望的法罕，在对于贫穷的极端恐惧中成长起来的拉加，因父亲中风而无法顺利毕业最终选择自杀的乔伊……但是他们依然突出家庭的各种影响，不断地思考自己的人生，最后都找到了自己生活的方向。

还有一部电影就是《唐山大地震》，大家也许会觉得这是一个灾难片，其实这更是一个心理片，一个母亲的救赎与一个女儿艰苦卓绝的原谅之路，她们最终达成了和解，很多父母和孩子之间也需要这样的和解，下面的讨论内容就是与这些话题有关。

一　保持成人姿态，放下对父母的期待

大学生是成长中的个体，要以成人心态面对父母，看到他们的局限性时，要学习放下一个孩子对完美父母无穷无尽的期待，放下内在的执着——"你应该做怎样的爸爸，你应该是怎样的妈妈"。面对比自己更高的存在，真诚地说："我接受，你们就是这样；我接受，是我选择了你们；我享受你们给予我的一切。不管是童年的忽略、控制，还是说教、指责，甚至是肉体上的伤痛、心理上的创伤，主动选择的人是我，你们做了你们能做的一切，我学习接受。"

为什么总是那么恨他们，就因为我是超生的孩子，从小被送到亲戚家，我应该恨我的父母吗？一想起自己被抛弃了，就非常非常恨自己的父母……虽然他们多次解释是政策问题。可我还是无法原谅，甚至希望去死。经常跟父母说既然不养我，为什么要生我？我

194

怎么才能忘记仇恨？无论父母怎么对我，我永远觉得自己比不上从小在父母身边长大的姐姐。永远嫉妒、愤恨，我应该这样吗？

这是一个大学生发出的无奈的求助声，她想原谅父母，可是她却做不到。通过这个例子我们可以看到，无法原谅的背后站着一个没有长大的婴孩。成熟的人区别于没长大的婴孩的标准，是看到真相，面对真相，面对"事实本来就是这个样子"。把"期待"放下，把"改变父母，使之成为理想父母"的期待放下，把想"替父母担负责任与使命"的需求放下，我们才可以成为真正成熟的人。接受所有过去发生的一切，看到那一切有怎样的价值和意义，可以让我们成为今天的自己。同时，我们还要学习负起自己生命的责任。父母给予我们生命的根，根输送养分，让我们变成一棵树苗，成长为参天大树。怎样适应自然，适应四季更迭，绽放我们的活力，是我们自己的事情！当我们感受到生命存在时，问自己："我要用这生命活出怎样不同的人生？我要为我的人生做些什么？我怎样用由根部而来的营养滋养我自己？我怎样让每一片枝叶舒展到极致，每一次开花都怒放，每一次结果更美味？"这是我的责任，已经与父母无关。他们比我们先来，先照顾自己，再诞生我们，当然还可以继续照顾自己。从中年到晚年，他们用自己的方式选择他们的命运，这是他们的自由。我们只有尊敬，只有接受，同时透过他们也许并不精彩的人生，透过他们生老病苦艰难的表象，看到深层蕴涵着的内在顽强的生命之火。这生命之火是值得我们尊敬、学习的，我们在他们面前垂下我们的头，弯下我们的腰，带着我们所有的敬意和爱。

为了形成这种成人姿态，大学生朋友们应该学会用纵向的角度看待父母。海灵格老师说：如果孩子只是看到父母，他就会感到软弱，不论父母对孩子有什么要求，对孩子做了什么，或者没做什么，孩子会感觉自己是无助的，完全失去自主能力。孩子如果在父母的身后看到他的祖父母，曾祖父母，一直遥望到更远的地方，直到生命的源头，他便会见到父母是联系着某些伟大的东西，不论父母给予他什么，他都能欣然接受，因为他所得到的不只是来自父母，更来自生命的起源。不论父母扮演什么角色，那已经无关紧要了。

我真的非常恨他们，因为我是超生的孩子，从小被送到亲戚

195

家，那个年龄是最需要父母的年龄，我接受这种恨，这种恨不是不孝，不是罪恶，是一个小孩子很正常的情感反应。不过这种恨只属于那个七八岁的孩子，那个年龄的自己不管父母怎么解释是政策的问题，都无法原谅。但是现在这个孩子已经长大了，她自己拥有了更多的资源，她可以看到在父母那个年龄这些是无法战胜的，而且父母曾经是个孩子的时候，他们也没有在自己的爸爸妈妈身边，他们的人生经验让他们觉得那样也是可以的。当我看到这些部分的时候，那种怨恨就会减少很多，我会觉得自己开始尝试原谅他们，而且这种原谅可以真的做到。

和上面相比，这就是一个成人姿态了，孩子可以在父母的身后看到更复杂的背景和更遥远的尽头，这样接受就变得容易多了！

二　保持独立，与家庭保持界限

在中国的家庭里，大多数时候想成为一个独立的个体是不容易的。中国的传统文化里讲究集体生活，在这个过程中，我们就会发现，在家庭生活中孩子有时候是不被看见的，我们要做什么的时候，父母已经都安排好了，我们没有机会变成独立的个体。孩子从出生就需要被照顾，后来他慢慢学会走、跳、蹦，在这个过程期间，如果他分离得好，就会成为独立的个体，如果在分离期间，孩子不小心跌倒，父母就赶紧跑过去，或者扶起孩子，或者威吓孩子再往前跑就会被狗咬等，孩子就会依赖父母，不会成为独立的个体。这种不独立表现包括以下几个方面：

1. 过于听从父母的话，不会自己拿主意

雯雯是一名大四的学生，有一个交往三年多的男友。雯雯来自北方，男友是南方的。两个人最开始的时候感情很好，临近毕业的时候，两个人之间却产生了矛盾，主要是关于毕业去向的问题。雯雯希望两个人一起去一个城市工作，那里有一个亲戚，可以安排较好的工作，各方面的待遇都很好，但是男友却不同意，因为男友的父母反对，他们更希望男友留在北京，觉得那样才有出息，可是他的父母根本不了解北京的工作压力和生活压力，但是男友居然在明知父母的想法不合理的情况下，还是选择听父母的话，男友觉得父母很不容易，不能让父母失望，可是这样的做法让雯雯非常失望。

大学阶段，是个体心理成熟的关键阶段，其中最重要的就是逐渐形成自己独立的价值观，能够独立地思考问题、解决问题，父母的意见可参考，不是主导，这是个体成长的标志。

2. 承担本属于家庭的责任

每个家庭都会面临各种各样的问题，夫妻不睦、经济压力、身体疾病等，这些问题原本应该是父母需要去面对的，可是很多大学生却把它拿过来扛在自己的肩膀上，觉得这是自己义不容辞的。可是你们却没有想过，这样的责任以当下的自己能够承担吗？承担无法承担的责任后果会怎么样呢？

刚上大一的小琴每天都要打电话回家，因为她的父母在她上高中的时候就是老吵架，而且爸爸有时候会动手打妈妈。上了大学后，小琴特别不放心妈妈，害怕妈妈被爸爸打。因为小琴在家的时候，有时候爸爸会顾忌小琴的在场，不会打得很过分，但是小琴害怕自己不在家的时候，爸爸会下狠手。

为了爸爸妈妈的事情，小琴操了很多心，经常和其中一方谈话，劝慰妈妈，甚至有一次小琴写了长长的一封信给自己的父母，希望他们可以互相理解、不再吵架。但是努力了很多，父母似乎还是老样子，动不动就吵架。小琴变得越来越低落，害怕接到家里的电话，也无心学习，每天郁郁寡欢，也不愿意跟同学讲自己的心事，学校的事情也变得越来越糟糕，小琴越来越觉得活着很累，生活没有意思，小琴不知道该怎么办了……

小琴的问题出在哪里了呢？父母的婚姻关系是小琴需要去解决的吗？也许她更合适的角色是倾听和陪伴，父母要如何相处那是父母的问题，小琴在这个问题上没有保持一份独立和界限，她陷入了妈妈的角色中，但是也无法改变，抑郁和绝望就是必然的了。相反，如果小琴可以进行一下区分，知道自己更应该负责的是学业和自己的未来，而不是家庭的一些难题，才能找到生活的动力，把自己照顾好了，才可以更好地照顾妈妈，而不是被一些久而未决的家庭难题拖垮。

心理学有一个理论叫家庭关系三角化，即每当一个两人的系统遇到问题时，自然会把第三个人扯入他们的系统中，减轻二人的情绪冲击。被卷入三角的孩子往往产生各种心理问题。上面的小琴就是这样，看父母吵架，妈妈失望，爸爸不回应，孩子最焦虑。妈妈的痛苦小琴都承担下来，为了妈妈而发病。

家庭关系有不同的模式：第一种是关系僵化、疏离，即家庭成员之间彼此独立，缺少情感沟通和互相帮助；第二种是关系清晰，即家庭成员可以各自执行自己的功能，但又能允许成员之间的情感交流；最后一种是关系缠结在一起，彼此之间的支持和交流非常多，互相依赖，成员之间没有各自的独立和自主。过分的僵化和疏离不好，但过分地缠结在一起彼此牺牲也不好，家庭成员之间应该保持清晰的界限。

三 学会和父母沟通

马克·吐温说："当我七岁时，我感到父亲是天底下最聪明的人；当我14岁时，我感到我父亲是天底下最不通情达理的人；当我21岁时，我忽然发现我父亲还是很聪明的。"

你怎么理解马克·吐温的话？为什么在不同阶段他对父亲的理解不同？这说明父母和儿女之间也不一定可以做到完全的了解，特别我们同父母之间是有很大差异的，这种差异会导致我们彼此不能相互理解甚至产生冲突。

父母与子女的差异

	子女	父母
心理差异	成人感增强，有独立愿望，逆反心理强，脆弱，有时不能控制自己的感情	成熟，有主见，经受过多种考验，心理承受力强
生活阅历	作为未成年人，未真正踏入社会，生活知识、社会实践经验缺乏	饱经风霜，同各种人打过交道，人生经验丰富
思维方式	思想开放，勇于创新，也易偏激，喜欢横向比较，总与同时代人比较	求稳，容易保守，考虑问题较周全，喜欢纵向比较，容易同过去比较

正是因为子女与父母在思想、行为方式上存在着一定的差距，容易产生误解和矛盾，影响与父母的沟通。这种情况下就需要多和父母沟通，让父母了解自己的想法，不回避、不疏远、不顶撞，而是耐心仔细地和父母探讨一些新的观念、新的思想，交换彼此不同的看法，为什么父母给予我们的并不是孩子想要的，更多的原因可能是父母不知道我们要什么，所以作为大学生应该提供更多的渠道让父母走进自己的生活。

女儿：不知从什么时候开始，我突然觉得自己家的空间变小了，难道是我的个子长高了，才感到家里的天花板给了我一种压抑感？我说不清为什么，反正觉得自己越来越像一只关在笼子里的小鸟，毫无自由。父母与我朝夕相处，却根本不懂我的心，不了解我的需求，也不清楚我的困惑。他们对我总是斥责多于鼓励，要求多于倾听，我已经明显感觉到我和他们之间的隔阂。现在我和父母要么互不搭理，要么就是激烈地争吵，我该怎么办呢？

妈妈："女儿是在我们无微不至的呵护中长大的，可她自打上初中开始，与我们的交谈逐渐减少了，现在上了大学，离得远了，更是如此。问她学校里的事，总是一句'不知道'就打发了我。有一次她放假回家，我偷偷打开她的书包看了她写的日记，回来后被她知道了，她发了疯一样地和我吵架，我的心都快凉透了，孩子，我看你的日记也没有恶意，妈妈只是想知道你生活的情况，想更多地了解你的现状，我错了吗？"

上面的文字是一对母女的困惑，如果他们彼此能够交流一下，听听对方的想法，也许就不会有这样的困惑了。上了大学以后，家庭仍然是同学们的感情港湾，很多同学会觉得不开心的事情不能让父母知道，要自己承担，可是有些事情同学们依然需要父母，父母只有在真正了解孩子的基础上，才可以更好地给出建议和帮助。同学们，让你们的父母多多了解你们吧，这是父母和孩子共同的渴望。

四 学会感恩，理解关爱父母

父母给予我们的爱，常常是细小琐碎却无微不至的。我们不仅常常认为理所应当，甚至还觉得他们人老话多，嫌烦呢。俗话说"滴水之恩，当涌泉相报"。更何况父母为你付出的不是"一滴水"，而是一片汪洋大海。因为父母是上苍赐予我们不需要任何修饰的心灵的寄托。生活并非想象中那样完美，父母的辛劳是我们无法体会的，我们虽不能与父母分担生活的艰辛、创业的艰难，但我们至少在生活上，可以少让父母操心。当父母生病时，我们是否应担起责任，照顾父母？要知道，哪怕一句关心的话语，哪怕一碗自己做好的方便面，都会慰藉父母曾为我们百般焦虑的心。感恩父母，并不难做到。

如何关心父母呢，以下几点可以作为参考：

1. 接受父母的"唠叨"

也许你觉得自己长大了，很多事情你自己懂得处理，你有自己的分寸，但是父母仍会不断叮嘱，对待这些你可能觉得没有必要，甚至有时候觉得很烦。但是也许这些就是父母每天生活的一部分，你要知道，在父母心里，孩子永远是孩子，"唠叨"其实是一种爱，你要学会理解父母的这种心情。

2. 让父母放心

除了理解父母的心情，接受父母的这种表达，更好的方式是通过你的方式让父母感觉到放心，那么他们会开始用一种更适合的态度去对待你。如何让父母放心？其实很多时候父母经常唠叨或是找话跟你说，其实就是因为他们感觉到孤单了。作为子女，你要多关注父母的内心，多关心他们，让他们感觉到足够的安全感。

3. 给父母更多的时间

再忙都好，都不要忽略你的父母。父母带着你成长，你长大以后，有自己的能力，不再需要你的父母为你去做什么了，但是，这个时候，你的父母开始需要你。多陪你的父母聊聊天，聊什么都行，哪怕只有几分钟的时间，那也好过没有。陪你的父母出去走走，陪他们安静地看电视，陪他们逛逛街，很多很简单的小动作，很多简单的细节，就能够拉近父母与你的距离，会让他们感觉到安心和贴心。

4. 多倾听父母的心声

随着年纪越来越大，父母们心里可能会有越来越多的感受和感想，他们思考的会越来越多，或许还有自己的担忧和困惑。人在不同年龄会有不同的主题，中老年时期，其实也是容易产生失落感的阶段，我们需要多关心父母的内心，更多地、主动地去倾听他们的心声，了解他们的感受，了解他们的担忧，帮助他们处理各种情绪和心情。你主动去关注，认真去倾听，就会了解到很多。

5. 主动了解和关注父母的需求

主动关心父母，了解他们在生活上、心理上、精神上的需求，很多时候他们不一定会说出来，你应该要在日常生活中多留意，主动去关注和关心，及时帮助他们解决这些问题。另外，时不时可以送父母一些贴心的东西，例如冬天保暖的、营养保健的东西，或者喜欢喝茶的可以选一些健康的茶叶给他们。

6. 关注父母的身体健康状况

人到一定年纪，有些人身体可能会开始变得没有那么好，尤其是中老年人，有一些身体上的问题并不容易发现，例如高血压，平常如果没有留意的话可能不好发现，但这其实有时候也蛮危险的。所以，我们要有意识地关注父母的健康状况，最好是定期带父母做身体检查。如果有一些需要注意的方面，则在生活中要多关心多关注。①

☺ 心域行走

一 冥想练习

下面是一个冥想练习，体会一下，然后看看自己关于对父母的理解是否有新的发现。

请找一个尽可能舒服的地方躺下，然后找一首可以让自己安静的曲子，一边听着音乐，一边做个深呼吸，感谢自己有能力呼吸，感谢你自己呼吸的能量！

如果你的身体有任何紧绷，请让它放松，背靠在椅子上，深深吸气到那紧绷的感觉里，给它一个爱的讯息，谢谢它让你知道你的不和谐。

随着这美妙的背景音乐，进入内在，那块属于你的神圣之地。

在你内在深处核心的地方，有着你的名字，感谢那部分的你，那是你的真我，是它带你来到这个世界，带着你所有的潜能、所有的资源来成长！

现在给自己一个许可，做一小段时光之旅，回到你出生的那一天、那个时刻、那个地方。

你是个美好奇妙的小宝宝，带着生命力来到这个世界，带着所有资源，这些资源让你成为今日的你与未来可能的你。

谁在那里呢？也许你知道，也许你想象，但确定的是你妈妈在那

---

① 摘自百度经验，网址：http://jingyan.baidu.com/article/6525d4b1294819ac7d2e94da.html。

里，那个生你的女人也许还有其他帮忙的人。

然后快转你这一生的影片，很快地，甚至你还不会说话呢，你发现自己对妈妈的期待，自己对自己的期待，还有他们对你的期待。

记得你想得到的东西会向谁讨，不会向谁要，你很早很早就学会了如何反应，你很早很早就知道别人对你的看法，很早很早你就学习，开始了解且相信我们就是这样，你也有期待、渴望，渴望被爱、渴望被重视、渴望被宝贝。你可不可以给自己点时间去回忆，你知道自己有多被看重，多受宠呢？小孩子是很敏锐的，尝试要搞清楚自己有多重要，很早很早我们就对自己有个画像，那是个什么样的景象呢？

有多少时候你觉得被爱、觉得很开心呢？

有哪些挣扎呢？不管如何，你感谢自己的力量，让你经历一切仍存活至今。

如果过去很艰辛，那你可能有更多的力量比别人更聪明，不管如何，你感谢你做的各种各样反应，感谢所有的艰辛、所有的美好！

然后你第一天上学，认识第一个小朋友，第一个朋友肯定你、把你当朋友、当模范。

一年一年过去了，你到了青春期，这个阶段很辛苦，我们要找到"我是谁"，你好好感谢那个年龄的探索、创造、不适和梦幻，还有你的梦想。

如果梦想成真，你要做什么？你今天要做什么？

你对自己明天的梦想是些什么？明年的呢？五年后的呢？

你可以看得到、感觉得到自己在不久的将来吗？

你可否感谢自己所有的资源、去得到自己想要的，而且你还需要哪些资源来发现自己，帮助自己得到你要的，你能感谢自己拥有这些成长、改变的机会吗？

现在我要邀请你回到更远的过去，记得你爸爸妈妈，他们也曾是小宝宝，我们常忘记他们来到这个世界时，也跟我们一样幼小。

也许你知道，也许你不知道你妈妈出生的样子，你可能有个印象，也可以自己幻想，这个小女孩出生了，她也充满希望、潜能与期待，她的第一步、她的挣扎、她的发现，你能不能欣赏妈妈这一生的电影？

她的梦想是什么？她的成就是什么？她的失望？

就像你的一样，然后她长大了，你知道她怎么遇见那个后来成为你爸爸的男人吗？

就在此刻，感谢她！想想也许你妈妈已经尽力做到她所知的最好，因为她也是在家庭中长大，学习做人，不管她有什么事令你感到失望，你接受自己的感受，不管你的决定是接受自己的感受，还是拒绝你的感受，也许你可以接受你妈妈就是她，她就是这个样子。然后再一次翻开"爸爸的人生"那一页，那个变成你爸爸的人来到这世界，他也是小宝宝，你的奶奶在那里，他们有庆祝这个男孩的诞生吗？

他们爱他吗？接纳他吗？

他的人生怎样？他的学习、他跨出的第一步，你能否想象你爸爸是个小男孩……青少年……变成青年，然后遇见你妈妈，也许他们共同有个梦。

不管你现在的感觉是什么，接触你的感觉，深深地吸一口气，吸进你的感谢，感谢自己活着，感谢爸爸妈妈，他们创造了你，也在催生着你的生命力，感谢生命力和自己，你感谢自己内在的生命力，我要你再谢谢自己，愿意利用这个时间去探索自己的人生旅程，在下一个呼吸里，你开始在内心起舞，跟你那独特的能量起舞，你开始感觉到室内有一股美好奇妙的能量，当你准备好了，可以慢慢睁开眼睛，回到这里！

二 了解父母小测试

回答下列问题，看你对父母了解吗？如果不了解，请及时跟父母联系。

你父母的身高分别是：＿＿＿＿＿＿＿＿＿＿＿＿＿

你父母的体重分别是：＿＿＿＿＿＿＿＿＿＿＿＿＿

你父母的生日是：＿＿＿＿＿＿＿＿＿＿＿＿＿＿＿

你父母喜欢吃的是：＿＿＿＿＿＿＿＿＿＿＿＿＿＿

你父母穿衣服的号码是：＿＿＿＿＿＿＿＿＿＿＿＿

你父母最喜欢的日常活动是：＿＿＿＿＿＿＿＿＿＿

你父母人生的期待是：＿＿＿＿＿＿＿＿＿＿＿＿＿

你父母成长中最大的挫折和不容易是：＿＿＿＿＿＿＿

☺ 超级测试

成人依恋量表（AAS)

请阅读下列语句，并衡量你对情感关系的感受程度。请考虑你的所有关系（过去的和现在的），并回答有关你在这些关系中通常感受的题目。如果你从来没有卷入进情感关系中，请按你认为的情感会是怎样的来回答。

请在量表的每题之后的括号里填写与你感受一致的数字1—5。

1 代表完全不符合，2 代表较不符合，3 代表不能确定，4 代表较符合，5 代表完全符合。

1. 我发现与人亲近比较容易（　）
2. 我发现要我去依赖别人很困难（　）
3. 我时常担心情侣并不真心爱我（　）
4. 我发现别人并不愿像我希望的那样亲近我（　）
5. 能依赖别人让我感到很舒服（　）
6. 我不在乎别人太亲近我（　）
7. 我发现当我需要别人帮助时，没人会帮我（　）
8. 和别人亲近使我感到有些不舒服（　）
9. 我时常担心情侣不想和我在一起（　）
10. 当我对别人表达我的情感时，我害怕他们与我的感觉会不一样（　）
11. 我时常怀疑情侣是否真正关心我（　）
12. 我对别人建立亲密的关系感到很舒服（　）
13. 当有人在情感上太亲近我时，我感到不舒服（　）
14. 我知道当我需要别人帮助时，总有人会帮我（　）
15. 我想与人亲近，但担心自己会受到伤害（　）
16. 我发现我很难完全信赖别人（　）
17. 情侣想要我在情感上更亲近一些，这常使我感到不舒服（　）
18. 我不能肯定，在我需要时，总找得到可以依赖的人（　）

计分与评分方法：

本量表包括3个分量表，分别是亲近、依赖和焦虑分量表，每个分量表由 6 个条目组成，共 18 个条目。本量表采用五级评分法，填几就得几分。其中，2、7、8、13、16、17、18 题为反向计分条目，在评分时需进行反向计分转换。

先计算 3 个分量表的平均分数，再将亲近和依赖合并，产生一个亲近依赖复合维度。

亲近分量表	题号	1	6	8	12	13	17	平均分
	得分							
依赖分量表	题号	2	5	7	14	16	18	平均分
	得分							
焦虑分量表	题号	3	4	9	10	11	15	平均分
	得分							

亲近依赖复合维度计算方法：亲近依赖均分 =（亲近分量表总分 + 依赖分量表总分）÷12

2. 依恋类型的划分

安全型：亲近依赖均分 >3，且焦虑均分 <3

这种类型的人能够安抚自己的情绪，可以给对方空间，也可以给对方亲密，容易原谅对方。

先占型：亲近依赖均分 >3，且焦虑均分 >3

这种类型的人知道人很可怕，但骨子里又很喜欢人。一旦进入又会紧紧抓住，最强的爱恨和最强的依恋有关。

拒绝型：亲近依赖均分 <3，且焦虑均分 <3

这种类型的人觉得人都不可靠，只有靠自己，对东西比对人有兴趣，对自己的情绪没有什么了解，拒人于千里之外。

恐惧型：亲近依赖均分 <3，且焦虑均分 >3

这种类型的人总是需要亲密，总是追求和别人的亲密感，要别人给自己安全，特别害怕被抛弃。

第九章 感受生命珍爱生命

本章将与大家讨论一个让人敬畏的主题——生命。大家可以先思考这样一些问题：什么是生命？生命从哪里来？如何看待伤害生命的行为？怎样做才算是真正的爱惜生命？

生命是如何产生的？这是涉及生命起源的大问题，也是学术上最复杂的问题，人类学家、考古学家、历史学家、生物学家、化学家、哲学家、宗教家，都曾从各种角度对生命起源做过研究。

第一节 认识生命、理解生命

☺ 心理之窗

小孩长大到一定阶段会好奇地问其父母："我是怎么来的？""我是从哪里来的？"父母也许会说"从妈妈肚子里蹦出来的"；"你是由一颗种子长大的"，更有一些"神"回复，比如："垃圾箱里捡来的"；"被洪水冲来的"；"胳肢窝掉出来的"；"床底下翻出来的"；"石头蹦出来的"；"别人送的"；"在超市买白菜赠送的"；"爸爸买彩票时抽中的"……现在，你已是一名大学生，回想当年你有没有问过你爸妈这个问题，他们当初是如何回复你的？若干年后，你又打算如何回答你的孩子提出的这些问题？

一 生命起源

我们从个体这个层面来认识一下生命的起源，即：个体生命从何而来？

人的生命是雄性精子与雌性卵子相结合的产物，当卵子从卵巢里出来，进入输卵管，并借助输卵管的蠕动向子宫移动，开始了每月一次的旅行，若在此时夫妻性交，男性的大量精子从女性阴道向输卵管挺进。这期间，数以亿计的精子经过激烈竞争，优胜劣汰，最后有一个幸运的精子钻入卵子内胜利夺冠，精子与卵子细胞核互相融合在一起，并将各自携带的遗传物质也结合起来，组成了胎儿的第一个细胞——受精卵，新生命就诞生了。

胎儿是从一个受精的卵细胞开始发育的，胎儿在约40周左右的时间内都是在母体内发育成长的。以下是胎儿的感官发育大事记：

1. 第1—2个月感觉器官初现雏形

孕4周后，胎儿的视网膜初步形成。6周后，听觉开始形成。接着小手、小脚以及面部器官开始出现雏形。但是，此时胎儿的感官功能还未形成。

2. 第3—4个月触觉、味觉形成

孕8周以后，胎儿的皮肤开始有感觉，随着神经元的增多，用手触碰腹部，他/她会蠕动起来。孕11—12周味觉发育完成，可感觉甜、酸等多种滋味。

3. 第5—6个月听觉开始发达

胎儿的听觉越来越发达，听到不喜欢的声音会皱眉。18—20周开始，孕妇会感觉到胎动，胎儿也会对妈妈的触摸做出收缩反应。

4. 第7—8个月视觉变得敏感

孕27—28周，胎儿脑部的发育非常快，能认知节奏和旋律，有时还会用胎动对声音做出回应。同时还能感觉光线的明暗，对外界的刺激也越来越敏感。

5. 第9—10个月感官发育完善

孕37周时，胎儿几乎能对任何光线产生反应，眼睛也能灵活地眨动。此时他/她的感官发育已和新生儿差不多了。

感官发育离不开脑部发育。

第3个月，胎儿的身体比例中，脑袋显得很大，大脑已经发育得非常复杂。

第4个月，脑部迅速发达起来，但脑的表面还很平滑，没出现沟回。

第 5 个月，感觉器官开始按照区域迅速地发展，味觉、嗅觉、触觉、视觉、听觉会在大脑中专门的区域里发育，此时神经元的数量减少，神经元之间的连通开始增加。

第 7 个月，胎儿的脑细胞在迅速增殖分化，神经系统发育。

到 9 个月，胎儿脑的功能已经较为发达。

大多数胎儿都将在孕 40 周左右诞生。胎儿在母体中的成长也带动了母亲身体上、心理上的变化，同时也给整个家庭带来巨大变化，充满意义。

笔者作为一位母亲，同样也经历了生命的孕育过程，回想起自己在孕期生理上所经历的呕吐、腰酸背痛、担心害怕、身材走样以及在生产时所经受的巨大阵痛煎熬，尽管如此我仍然满怀感激，感激小生命让我有了当妈妈的机会，带给我无限的感动！孩子带给母亲乃至整个家庭的改变远远超过了母亲之前所承受的苦难。每一个孩子都是赐予家庭最珍贵的生命的礼物。只有当了母亲之后才更加明白生命的珍贵，才更加体会到感恩与责任，才能这么深切地体会到作为一个母亲的幸福。孩子让父母的生命更加完整，让他们的生命得到升华，与父母的付出相比，孩子带给父母和家庭的意义要多得多。作为孩子的你有意识到么？我想这是很难的，直到有一天，你自己成了父亲或母亲。但无论如何请你相信，你的生命让父母的生命焕发光彩与能量，同时也主宰着父母的情感世界，你的喜怒哀惧时刻牵动着他们的心。

二 生命的概念及特征

生命是生物的本质，是生物体所遵循的普遍规律，人类生命是生物体的一种存在形式。人的生命由三个因素构成，即形体、心理和社会性。人的生命存在三种活动，即生理活动、心理活动和社会活动。从生物学方面来讲，人的生命具有生物体的一般属性，从心理学和社会学方面来讲，人的生命具有以下几个特殊属性：

1. 生命是有长度的

生命的长度是指一个人的寿命长度，每个人的寿命都是有限的。珍惜自己有限的生命应该从珍惜自己的身体，珍惜自己的健康开始，身体是生命的载体，没有身体的存在就没有生命的存在，就谈不上生命的意义。

人生会经历很多事情，面临很多选择，一个人勇敢向前，克服困难，更好地朝着自己的目标前进。生命虽然有限，但是人生的每一阶段应该得到尊重。摩西奶奶是一位在世界各地享有广泛声誉的老奶奶，她76岁开始作画，80岁举办画展，100岁启蒙了渡边淳一。一生虽未接受过正规艺术训练，但对美的热爱使摩西奶奶爆发了惊人的创作力，共创作1600余幅作品，在全世界范围举办画展数十次。半个世纪以来，她的画作穿越了国界，感动的力量从美国蔓延到加拿大、英国、法国、瑞士、丹麦、意大利、中国、日本、新加坡、中国台湾等全球数十个国家和地区，给无数年轻人带来最纯净的心灵启迪。摩西奶奶的故事告知世人，生命的任何阶段都是有意义的，每个人要找到自己的兴趣和目标，不要给自己找借口，做想做的事，永远也不晚，哪怕你已经80岁了。

2. 生命是有广度的

有一杯水，往里面加盐，当盐溶解到一定程度的时候，就不再溶解了。可是当你往里面加糖，糖还可以继续溶解，但是当糖也溶解到一定程度的时候，也就不再溶解了，再往里面加其他的，结果是相同的，以此类推，你想到了什么呢？

这个启示告诉我们生命的长度有限，但是生命的广度是无限的，生命的广度是指个人世界的空间延展。人的一生就如同那杯不变的水，永远就那么多。也许你喜欢往里面加糖，也许你喜欢往里面加盐，也许你喜欢糖和盐都来一点点，但是，不妨什么都加一点点，拓宽生命的宽度，人生也许会更精彩。生命的广度给人的提醒是人的一生应当不断探索未知世界，探索求知的自己，丰富自己的知识文化内涵，拓展自己的视野，学习尊重不同的文化、生活方式。一些方式可以拓展生命的广度。

3. 生命是有厚度的

生命的厚度是基于人类生命存在的内涵而言的，生命处在生长和发展的过程，不断从小到大、从弱到强、从简单到复杂；生命拥有巨大的生命力和无限的潜能；个体的生命能对社会、对人类产生积极贡献。人生的价值，应该体现在生命的厚度上，生命的厚度包含着对人生真善美的深切理解，对人生理想的不懈追求；包含着愈挫愈奋、坚忍不拔的毅力；包含着大公无私、勇于奉献的高贵品质。每个人都可以在自己平凡的生活中积攒生命的厚度，做有益于他人，有益于社会的事情。

张丽莉是 2013 年感动中国十大人物之一，她从哈尔滨师范大学毕业后，分配到黑龙江省佳木斯市第十九中学任初三（3）班班主任。2012 年 5 月 8 日，放学时分，张丽莉在路旁疏导学生。一辆停在路旁的客车，因驾驶员误碰操纵杆失控，撞向学生，危急时刻，张丽莉向前一扑，将车前的学生用力推到一边，自己却被撞倒了。

有人问张丽莉，"你后悔吗?"她回答："不后悔。这样做是我的本能。我已经 28 岁了，我已和父母度过 28 年的快乐时光。那些孩子还小，他们的快乐人生刚刚开始。"

生命的诞生给父母、给家庭带来了改变，而在有限的生命长度里，拓展生命的广度与深度又给整个社会和人类文明带来了意义，每个人的生命都是有意义有价值的。人能健健康康地活着对自己的父母而言就是一种幸福；在别人需要帮助的时候去帮助他人是一种修养；从事任何社会建设的职业，即使在一个平凡的岗位也是为社会发展、人类进步出力，生命都是有价值的。

因此，每个人应当珍视自己的生命，《孝经·开宗明义章》中谈到"身体发肤，受之父母，不敢毁伤，孝之始也。立身行道，扬名于后世，以显父母，孝之终也"。中华民族自古以来就有"孝"的传统美德，珍惜自己的身体，珍惜自己的健康，一是对得起父母，另外是对自己负责。然而现代生活中我们却经常无视自己的身体，透支自己的健康。当我们长时间对着电脑、手机，享受近距离辐射的时候；当我们毫无节制地熬夜，不能保证正常睡眠的时候；当我们极度缺乏体育锻炼的时候；当我们把抽烟、酗酒发展成为生活习惯的时候；当我们忍饿节食减肥的时候；当我们三餐饮食无规律的时候；当我们有病不求医，不饿不吃，不困不睡，不累不息的时候；以及各种不负责任的挥霍健康以发泄愤怒的时候，你其实是在透支自己的生命。我们不能以自己年轻或身体强壮而不在乎、无所谓。不能等自己身体衰弱时才想补救，人的身体是生命的财富。

☺ **心域行走**

一 理解生命

当小海来到这个世界……

小海的爸爸、妈妈有了一个儿子，

小海的爷爷、奶奶有了一个孙子，

小海的姥爷、姥姥有了一个外孙，

小海的姑姑有了一个侄子，

小海的舅舅有了一个外甥，

小海的邻居小妮有了一个小伙伴……

小组分享：作为生命的个体，你的存在，会给人带来哪些快乐和幸福？

每个人的生命都是有价值的。当我们发现自己能够为他人带来欢乐，为他人减轻痛苦、为家乡和社会做出贡献时，就更能体会到自己生命的价值。

二　理解生命的独特性——优点大轰炸

1. 你们自己有哪些优点和独特之处呢？四人组成一个小组，一人说出其他三名成员的优点或特点，不能和前面同学说的内容重复。

2. 每位同学将别人对自己的评价记录下来。然后加入自己的评价。

三　理解生命的珍贵——播下花种，静待花开

发给每位同学几颗花种，让同学们拿回后播下花种，并细心照顾，让花儿越长越大。体会关爱和照顾一个生命的过程。

两个月后同学们将培养的植物带来展示，进行小组分享：

你如何照顾这个生命的成长？

在你照顾一个生命的成长过程中发生了什么？

当你照顾一个生命的成长时有什么样的感受？

联想现实生活，你对生命有什么理解与感悟？

☺ **超级测试**

TDL 生命质量测定表

请根据你自己的理解及你的真实情况，对下面的 16 个题目做出回答。A = 是，B = 大体是，C = 说不准，D = 不像是，E = 不是，将所选

211

择的字母填在题目后面的括号里。

1. 没有什么和病痛有关的不舒适感觉（　）

2. 最近一次体格检查没有发现重要问题（　）

3. 有点小毛病但并没有到离不开医药的程度（　）

4. 五官感觉（视、听、嗅、味、触）基本正常（　）

5. 四肢和身体活动正常，生活可以自理（　）

6. 睡眠基本正常（　）

7. 食欲和消化功能基本正常（　）

8. 性格和性功能基本正常（　）

9. 心情比较轻松自如，兴趣比较广泛，有业余爱好（　）

10. 情绪较稳定，理智，不易生气，也不易悲观失望（　）

11. 注意力，记忆力，思考能力基本正常（　）

12. 对时装、文学艺术等，有审美情趣，喜欢幽默（　）

13. 喜欢和亲友、同事接触，与大多数人关系融洽（　）

14. 有兴趣和精力参与一些自己喜欢的团体活动（　）

15. 可以积极主动地从事本职工作、社会工作或家务劳动（　）

16. 对健康状况的自我感觉良好，估计五年之内不会有问题（　）

计分与评分方法：

先按 5 分制为各项计分，即：选答 A 计 5 分，B 计 4 分，C 计 3 分，D 计 2 分，E 计 1 分；再将第 1、3、8、12 四项的计分加倍，即这四项的得分从 A 到 E 依次为 10、8、6、4、2 分，最后相加得总分。共计 16 项中，12 项为 5 分制，4 项为 10 分制，故 $12 \times 5 + 4 \times 10 = 100$（分）为满分，$12 \times 1 + 4 \times 2 = 20$ 分为最低分。

评分参考：65 分以下，代表生命质量较差；65—74 分，代表生命质量中下；75—89 分，代表生命质量中等；90 分以上，代表生命质量较高。[①]

---

① 《行为医学量表手册》，中华医学电子音像出版社 2005 年版，第 98—99 页。

第二节　追求生命价值与意义

☺ **心理之窗**

有一个生长在孤儿院的小男孩，常常悲观地问院长："像我这样没人要的孩子，活着究竟有什么意思呢？"院长笑而不答。

有一天，院长交给男孩一块石头，说："明天早上，你拿着这块石头到市场上去卖，但不是真卖。记住，无论别人给多少钱，绝对不能卖。"

第二天，男孩拿着石头蹲在市场的角落，意外地发现有不少人好奇地对他的石头感兴趣，而且价钱越出越高。回到院里，男孩兴奋地向院长报告，院长笑笑，要他明天拿到黄金市场上去卖。在黄金市场上，有人出比昨天高出 10 倍的价钱来买这块石头。

最后，院长叫男孩把石头拿到宝石市场去展示。结果，石头的身价又涨了 10 倍。由于男孩怎么也不卖，石头竟被传扬为"稀世珍宝"。

男孩兴冲冲地捧着石头回到孤儿院，把这一切都告诉了院长，并问院长为什么会这样。

院长没有笑，非常认真地对孩子说道："生命的价值就像这块石头一样，在不同的环境下就会有不同的意义。一块不起眼的石头，由于你的珍惜而提高了它的价值，竟被传言为稀世珍宝。你不就像这块石头一样吗？只要自己看重自己，生命就有意义，有价值。"

一　生命价值观的概念

生命价值观是人的价值观中核心的问题，它涉及人怎样认识自身的价值，怎样实现自身的价值，怎样有意义地度过一生。

人的生命价值可以从自我价值和社会价值两个方面来把握。自我价值是指生命活动对自身的存在和发展的满足，社会价值是指生命存在对他人和社会的存在和发展的满足。从生命的自我价值来看，人的生命活动越能满足他的生存、享受、发展等的需要，其自我价值就越大。从生命的社会价值来看，人是理性的行为者，是价值创造的来源，人的生命具有潜在的创造性劳动能力，人的生命活动对他人和社会的贡献越大，其社会价值就越大。这个贡献可以是物质的，也可以是精神的。只要人活着，即使自己不做任何事，没有任何物质上的贡献，他人和社会也可以赋予其生命存在以各种意义。

二 生命价值观的作用

1. 让人明确自己生命中诸多价值的次序，从而找到当下最佳的平衡点。

2. 当人面临重大决策或取舍的时候，生命价值观可以帮助人做出明智的选择。

3. 符合生命根本原则的价值观对人生能起到积极的促进作用。这种价值观是指人类社会里那些颠扑不破、历久弥新、不言自明的真理，例如：公平、诚实、正直、尊严、服务他人等价值观，都是人类所共同认可并遵循的准则。当人按照符合生命根本原则的价值观行事，就会有强大的信心，即使面临困难与挫折，也会有前进的动力。

三 生命价值观的内容

（一）人类追求的 13 种价值观

美国心理学家米尔顿·罗克奇（Milton Rokeach）在《人类价值观的本质》（*The Nature of Human Values*）中提出了 13 种人类所追求的价值观：

1. 成就感

提升社会地位，得到社会认同，希望工作能受到他人的认可，对工作的完成和挑战成功感到满足。

2. 美感的追求

能有机会多方面地欣赏周遭的人、事、物，或任何自己觉得重要且有意义的事物。

3. 挑战

能有机会运用聪明才智来解决困难。舍弃传统的方法，而选择创新的方法处理事务。

4. 健康

包括身体和心理，工作能够免于焦虑、紧张和恐惧，希望能够心平气和处理事务。

5. 收入与财富

工作能够明显、有效地改变自己的财务状况，希望能够得到金钱所能买到的东西。

6. 独立性

在工作中能有弹性，可以充分掌握自己的时间和行动，自由度高。

7. 爱、家庭、人际关系

关心他人，与别人分享，协助别人解决问题，体贴、关爱，对周遭的人慷慨。

8. 道德感

与组织的目标、价值观、宗教观和工作使命能够不相冲突，紧密结合。

9. 欢乐

享受生命，结交新朋友，与别人共处，一同享受美好时光。

10. 权力

能够影响或控制他人，使他人照着自己的意思去行动。

11. 安全感

能够满足基本的需求，有安全感，远离突如其来的变动。

12. 自我成长

能够追求知识上的刺激，寻求更圆满的人生，在智慧、知识与人生的体会上有所提升。

13. 协助他人

认识到自己的付出对团体是有帮助的，别人因为你的行为而受惠颇多。

（二）罗克奇的价值系统理论

1973 年米尔顿·罗克奇编制了价值观调查表（详见本节超级测试部分），这是国际上广泛使用的价值观问卷。罗克奇的价值系统理论认为，各种价值观是按一定的逻辑意义联结在一起的，它们按一定的结构层次或价值系统而存在，价值系统是沿着价值观的重要性程度的连续体形成的层次序列。

罗克奇价值观调查表提出了两类价值系统：

1. 终级性价值观（terminal values）

指的是个人价值和社会价值，用以表示存在的理想化终极状态和结果，它是一个人希望通过一生而实现的目标。

2. 工具性价值观（instrumental values）

指的是道德或能力，是达到理想化终极状态所采用的行为方式或手段。

价值观调查表中包含18项终极性价值和工具性价值，每种价值后都有一段简短的描述。施测时，让被测试者按其对自身的重要性对两类价值系统分别排列顺序，将最重要的排在第1位，次重要的排在第2位，依次类推，最不重要的排在第18位。该量表可测得不同价值在不同的人心目中所处的相对位置，或相对重要性程度。这种研究是把各种价值观放在整个系统中进行的，因而更体现了价值观的系统性和整体性的作用。

两种价值观系统

终极性价值观	工具性价值观
舒适的生活（富足的生活）	雄心勃勃（辛勤工作、奋发向上）
振奋的生活（刺激的、积极的生活）	心胸开阔（开放）
成就感（持续的贡献）	能干（有能力、有效率）
和平的世界（没有冲突和战争）	欢乐（轻松愉快）
美丽的世界（艺术和自然的美）	清洁（卫生、整洁）
平等（兄弟情谊、机会均等）	勇敢（坚持自己的信仰）
家庭安全（照顾自己所爱的人）	宽容（谅解他人）
自由（独立、自主的选择）	助人为乐（为他人的福利工作）
幸福（满足）	正直（真挚、诚实）
内在和谐（没有内心冲突）	富于想象（大胆、有创造性）
成熟的爱（性和精神上的亲密）	独立（自力更生、自给自足）
国家的安全（免遭攻击）	智慧（有知识、善思考）
快乐（快乐的、休闲的生活）	符合逻辑（理性的）
救世（救世的、永恒的生活）	博爱（温情的、温柔的）
自尊（自重）	顺从（有责任感、尊重的）
社会承认（尊重、赞赏）	礼貌（有礼的、性情好）
真挚的友谊（亲密关系）	负责（可靠的）
睿智（对生活有成熟的理解）	自我控制（自律的、约束的）

四 践行生命价值的要素

1. 生命是践行生命价值的依托

生命是践行生命价值的依托，每个人的生命只有一次，作为祖国未来建设者的大学生，更应该珍视生命，敬畏生命。然而目前一些大学生生命意识淡薄，缺乏对生命存在和生命价值的全面认识，不能正确对待挫折，人生目标模糊，大学生轻视生命甚至是伤害生命的事件频繁发生，对生命的漠视已经严重阻碍了大学生身心健康发展，更无从去谈践行生命价值。大学生应该珍视自己的生命存在，以一个健康积极的心态去生活，充分利用有限的生命时间，不断完善自我，为社会的进步贡献力量，追求更高的生命价值。

2. 态度及价值观是践行生命价值的核心

态度及价值观决定了一个人对事物的看法及行为方式，是影响生命价值实现的核心。人树立积极的人生态度及价值观，才会正确认识人生的意义、目标和肩负的使命，才会积极面对生活，不断充实自己，提高技能，实现生命价值。大学阶段的人仍处在心理发展的不稳定期，由于受到社会不良思想的影响，一些大学生的人生态度及价值观容易发生改变，在价值判断上可能会出现偏差，放弃原有正确的价值追求目标，逐步淡化集体主义、爱国主义，而去崇尚个人主义、拜金主义、享乐主义。树立正确的人生态度及价值观，有利于大学生坚定信念、完善人格、最大限度地追求生命价值。同时，树立积极的人生态度及价值观，可以促使人们坦然面对挫折，并勇于克服困难。

有一个叫黄美廉的女子，从小就患上了脑性麻痹症。这种病的症状十分惊人，因为肢体失去平衡感，手足会时常乱动，口里也会经常念叨着模糊不清的词语，模样十分怪异。医生根据她的情况，判定她活不过6岁。在常人看来，她已失去了语言表达能力与正常的生活条件，更别谈什么前途与幸福。但她却坚强地活了下来，而且靠顽强的意志和毅力，考上了美国著名的加州大学，并获得了艺术博士学位。她靠手中的画笔，还有很好的听力，抒发着自己的情感。在一次讲演会上，一位学生贸然地这样提问："黄博士，你从小就长成这个样子，请问你怎么看你自己？你因此有过怨恨吗？"在场的人都暗暗责怪这个学生的不敬，但黄美廉却没有半点不高兴，她十分坦然地在黑板上写下了这么几行字："一、我好可爱；二、我的腿很长很美；三、爸爸妈妈那么爱我；四、我会画画，我会写稿；五、我有一只可爱的猫……"最后，她以一句话作结论："我只看我所有的，不看我所没有的！"

那将如何去培养积极的态度及价值观？一方面，人要学会知足。人通常更容易看到别人的幸福而忽视自己的拥有，即使在外人看来，一些人已经置身于令人满意甚至羡慕的生活，这些人却依然对现实生活不满意，希望得到更多，如果让他们退到一个更加恶劣的生活环境，他们也许才会怀念眼前的生活。知足常乐是一种人生智慧，人要合理看待自己的拥有，学会珍惜、学会满足。当你痛苦时，想想别人更深重的痛苦。知足不是让人放弃努力，相反是让人以今天的拥有为基础，勇于迎接新的挑战，以更加积极的心态去面对新的生活。

另一方面，人要懂得感恩。感恩会使人的生活洒满阳光。牛津字典对感恩的解释是"乐于把得到好处的感激呈现出来且回馈他人"。然而近些年，媒体的很多报道频频展现出大学生自私、冷漠、不知感恩的现象。一些大学生心存感恩之心，但羞于表达或不知如何表达，把感恩之心付诸行动，是大学生的又一门必修课。感恩是一个需要学习的过程，培养感恩的意识，把意识转化为语言和行动，表达出来。感恩他人有利于拓展道德理念，升华道德情感；感恩他人有利于培养对亲人、朋友以及事业，担当起自己应负的责任；感恩有利于和谐人际关系的构建；常怀感恩之心，你会赢得更多尊重和关爱；常怀感恩之心，你就会对生活少一份挑剔和敌意，多一份欣赏和感激；常存感恩的心会使你感受到幸福就在你身边；感恩能使你感到满足和快乐。感恩是成熟的表现，因为你懂得珍惜，同时能使你获得他人的信任与尊重；感恩是一种歌唱生活的方式，它倾注了对生活的热爱与希望。懂得感恩，可以使生命迈入更高境界。

3. 技能是践行生命价值的保障

技能是通过练习获得的能够完成一定任务所掌握的技术或者能力。无论是专业技术、生活能力、交往能力都是维持生命生存，促进生命发展的保障。技能是维护个人尊严和实现个人价值的资本。因为每个生命都是生活在一定的社会环境中，具有某一种或几种专业技能的人，通过自己的知识和能力，可以提高自己的生活质量，为社会创造出物质或精神财富，真正实现人的生命价值。如果人缺乏生存和发展的技能，那么实现生命价值犹如纸上谈兵。技能是通向成功的台阶，技能积累有助于个人自身素质的全面提高。大学阶段是非常重要的知识储备、技能训练阶段，大学生应当充分利用这段时光，努力学习各项知识，提升个人综合能力，有助于生命价值的创造。

218

☺ 心域行走

生命价值体验活动

一　活动名称：我的五样

1. 活动过程：

（1）先准备一张白纸和一支笔，准备好后，在白纸顶端，写下"某某的五样"这几个字。

（2）请你用笔在纸上庄重严肃地写下你生命中最重要、最宝贵的五样东西。这五样东西，可以是实在的物体，如食物、水或钱；可以是人和动物，比如父母、朋友或宠物。可以是精神的追求，可以是爱好和习惯，可以是抽象的事物，也可以是具体的物品。

（3）请你目不转睛地看着它们，屏住呼吸，看上一分钟。也许在今天之前，你还没有认真地思考和珍惜过它们，但从这一刻开始，你知道了什么是维系生命的理由。

（4）生活难免会出意外，你要舍去一样。请拿起笔，把五样之中的某一样抹去。

（5）生活又发生了重大变故，来得凶猛急迫，你必须再放弃一样，请用笔划掉。

（6）生命进程中，你又遇到了险恶挑战。这一次，你又要放弃一样宝贵的东西了。

（7）你的生活滑到了前所未有的低谷，你必须做出你一生中最艰难也是最果断的选择。你只能留下一样，其余全部放弃。

2. 活动分享：

（1）选择：为什么这五样对你来说这么重要？

（2）放弃：现在请从你的选择中彻底去除一样。想想你的理由。依次删去其他四样，你最后保留了什么？同学之间彼此交流一下。

（3）谈谈整个放弃过程的总体感受？

（4）根据你保留的最后一样东西，谈谈你受到了哪些启示？

（5）生命中最宝贵的四样东西在游戏中已经被删除了，但生活中还存在着，从这个放弃的过程，我们得到了怎样的启发？

二 活动名称：孤岛求生

1. 活动规则

10 人左右一组，大家一起来到某个孤岛去旅行，突遇狂风暴雨，旅行游艇被冲走，只有一艘可以乘下 6 个人的救生艇。时间紧迫，大家要争取上船的机会？整个孤岛和没能上船的人将很快被海水吞没。小组决定谁上船谁留下。

2. 活动分享：

（1）上船者：

为什么你要争取上船？

当你知道自己获救后的心情？

当你看到还有一些人没有上岸的心情？

（2）未上船者：

未搭上救生艇，你被吞没进了海底，沉没海底前，过往生活的场景历历浮现在眼前，世上还有什么人和事值得你牵挂？请你写下最后的遗言、心愿、期待……

☺ **超级测试**

米尔顿·罗克奇（Milton Rokeach）价值观调查表

问你自己：在我的生命中，什么样的价值对我而言是重要的，什么样的价值不太重要？以下有两份价值观念表。这些价值观念来自不同的文化，每一条价值观念后面的括号中是其解释，可以帮助你理解它的含义。

你的任务是标出每一种价值观作为你的人生准则有多么重要。标准如下：

数字越高（-1，0，1，2，3，4，5，6，7），该价值观作为你的人生指引就越重要。-1 表明与你的人生准则相反的任何观念。7 表明是你人生准则中极其重要的价值观念。通常，最多只能有两个这样的评价。请把分数（-1，0，1，2，3，4，5，6，7）填写在每个价值观前的空格内，以表明这个价值观对你个人的重要程度。请尽量利用所有的数字以区分各个价值观的差别。

在开始之前，阅读表（一）中的价值观，选择对您而言最重要的一条并标出其重要程度。然后，选择与你价值观念最相反的一条，标上－1。如果没有这样的价值观，选择一条不太重要的价值观，按它的重要性，标上0或1。然后，请依次标出其他价值观的重要性。

价值观表（一）

1 _____平等（大家机会均等）

2 _____心情安详（内心平静）

3 _____社会权力（控制及支配他人的权力）

4 _____快感（满足欲望）

5 _____自由（行动及思想的自由）

6 _____精神生活（生活中强调精神而非物质性的事物）

7 _____归属感（感受到别人对自己的关怀）

8 _____社会秩序（社会的安定）

9 _____令人激动的生活（一些令人激动的生活经验）

10 _____人生意义（人生目标）

11 _____礼貌（礼貌，良好的举止）

12 _____富有（拥有金钱和物质）

13 _____国家安全（保护国家免受敌人侵袭）

14 _____自尊（对自我价值的信念）

15 _____报答别人的恩惠（避免欠下别人的人情）

16 _____创造力（独创性，想象力）

17 _____世界和平（没有战争和冲突）

18 _____尊重传统文化（保留流传已久的习俗）

19 _____成熟的爱（精神上和感情上的亲密）

20 _____自律（自我约束，抗拒诱惑）

21 _____隐私权（拥有属于私人空间的权利）

22 _____家庭安全（保护所爱人的安全）

23 _____社会的认可（得到别人的尊重和承认）

24 _____和自然成为一体（适应大自然）

25 _____充满变化的人生（生活中充满了挑战、新奇与变化）

26 _____智慧（对人生成熟的理解）

27 _____权威（领导，命令的权力）

28 _____真正的友谊（亲密无间，能支持你的朋友）

29 _____美好的世界（大自然和艺术的美好）

30 _____社会的公正（消除不公正的现象，扶助弱小）

价值观表（二）

现在标出对您而言作为人生准则的下列价值观念的重要性。这些价值观念被诠释为对您是重要或不重要的行为方式。同样，尽量用所有数字来区别这些价值观。

在开始之前，阅读表（二）中的价值观，选择对您而言最重要的一条并标出其重要程度。然后，选择与你价值观念最相反的一条，标上 -1。如果没有这样的价值观，选择一条不太重要的价值观，按它的重要性，标上 0 或 1。然后，请依次标出其他价值观的重要性，从 1，2，3，4，5，6，7 中选出一个你认为恰当的数字。

-1 0 1 2 3 4 5 6 7

与我的价值观相反、不重要、重要、非常重要、极重要

作为我的做人准则，这个价值观的重要程度是：

31 _____独立（依靠自我，自给自足）

32 _____性情温和（避免极端的感情行为）

33 _____忠诚（对朋友，集体忠诚）

34 _____有抱负（辛勤工作，有理想）

35 _____胸怀宽广（能包容不同的思想及信仰）

36 _____谦虚（谦虚，不锋芒毕露）

37 _____冒险精神（勇于冒险，承担风险）

38 _____环境保护（保护大自然）

39 _____影响力（对人和事物有影响力）

40 _____尊重父母和长辈（表达敬意）

41 _____选择自己的目标（选择个人志向）

42 _____健康（生理和心理上的健康）

43 _____能干（有才能，高效率）

44 _____接受命运的安排（顺从人生境遇，随遇而安）

45 _____诚实（真实，诚恳）

46 ＿＿＿＿＿保持自我公众形象（顾全自己的面子）

47 ＿＿＿＿＿遵纪守法（有责任感，履行义务）

48 ＿＿＿＿＿聪明（善于思考，理性）

49 ＿＿＿＿＿乐于助人（为他人的幸福而工作）

50 ＿＿＿＿＿享受人生（享受食物，性，闲暇等）

51 ＿＿＿＿＿虔诚（忠于宗教信仰和信念）

52 ＿＿＿＿＿有责任感（值得信赖，值得依靠）

53 ＿＿＿＿＿好奇心（对万物感兴趣，喜欢探索）

54 ＿＿＿＿＿宽宏大量（懂得宽恕他人）

55 ＿＿＿＿＿成功（达到目标）

56 ＿＿＿＿＿清洁（干净，整齐）

57 ＿＿＿＿＿自娱自乐（做自己喜欢的事情）

第三节　珍爱生命、预防自杀

☺ 心理之窗

英国的心理学家和社会学家萝丝曾说过："死如同生一样，是人类存在、成长及发展的一部分，它赋予人类存在的意义，它给我们今生的时间规定界限，催迫我们在我们能够使用的那段时间里，做一番创造性的事业。"

然而，长期以来我们的教育一直在回避死亡这个题目，许多孩子甚至是一些成年人对死都没有正确的认识，如：奶奶去世了，也许家长会告诉孩子，奶奶"睡着"了；亲友突遭变故死亡，也许家长会对他的孩子说，他去了一个很远很远的地方……这样的应答是对"死"的最大误导。企图自杀的青少年对死亡的概念比较模糊，部分人甚至认为死是可逆的、暂时的。他们之所以自杀，有些是因为自己不懂得生命的宝贵、害怕面对挫折，但更多的青少年不知道也从没想过死对自己和亲人意味着什么。近年来频频发生青少年自杀事件，我们现实生活不时面对一朵朵青春的生命之花凋零，一场场沉重惋惜的自杀事件的打击。青少年们自杀的原因有时候仅仅是一句批评，一个指责，一次考试失利，一次失恋打击，一次人际交往受挫，一些无法调控的心理压力。很多青少年天真地认为，选择自杀，是想一了百了，求得心灵平静，获得永恒的解脱，这是极其错误的认知。

一　自杀

自杀是一个沉重的话题，总有人基于一定的动机结束自己的生命，自杀是各种负面心理感受的集合。

（一）自杀的概念

自杀是指结束自我生命的行动，自杀是一种多因素导致的复杂现象，从有自杀意念开始，到最终自杀死亡，受到包括心理、生物、环境和社会、文化等诸多因素的影响。据目前研究结果来看，自杀的风险因素包括精神障碍患病史、生活应激事件以及严重身体疾病，等等。

（二）自杀的分类

自杀有不同的分类标准，从自杀的动机来看，一般可以分为以下四种类型：

1. 利他性自杀

利他性自杀指在社会习俗或群体压力下，或为追求某种目标而自杀。常常是为了负责任，牺牲小我而完成大我。如疾病缠身的人为避免连累家人或社会而自杀等，这类自杀者会认为死是有价值的，是面对困境最好的选择。

2. 自我性自杀

自我性自杀与利他性自杀正好相反。指因个人失去社会之约束与联系，对身处的社会及群体毫不关心，孤独而自杀。如离婚者、无子女者。

3. 失调性自杀

失调性自杀指个人与社会固有的关系被破坏。例如，失去工作、亲人死亡、失恋等，令人彷徨不知所措而自杀。

4. 宿命性自杀

宿命性自杀指个人因种种原因，受外界过分控制及指挥，感到命运完全非自己可以控制时而自杀。如监犯被困囚室感到无望而自杀。

（三）自杀的前期表现及影响因素

一般而言，试图自杀者都是对自杀行为蓄谋已久，在自杀前期会表露出各种特征。通常会出现明显的抑郁症状，如：郁闷消沉、缺乏兴趣、疲乏无力或烦躁不安、注意力不集中或记性差、脑子反应慢、缺乏自信甚至自责、没有胃口或吃得过多、失眠或睡眠过多等。也会呈现出一些行动上的异常，如突然与人谈论、网上搜索或打听自杀相关问题，如自杀方式；言语上流露出生不如死的感慨；突然安排财产、子女或老人事宜；将自己贵重的东西送人；流露出自己是别人的负担、如果没有自己他们会过得更好等想法；甚至直接与人谈论自己的自杀念头和计划等。

自杀行为发生与否同时受当时环境因素的影响很大。如当时身处高楼、高桥、河边或湖边等，身边很容易找到自杀工具，如药物、农药、鼠药、刀、枪等，则在急性冲突下迅速自杀。一个人如果曾经出现过自杀行为、亲人或熟人有过自杀行为、生活工作中长期有不如意的地方、有抑郁症状，最近又出现剧烈的人际冲突或其他压力，那么他自杀的危险性就远高于其他人。

（四）自杀的心理因素分析

自杀者或试图自杀者一般都有一种或多种非常强烈的负面心理感受：

1. 厌世感

他们感到这个世界不公平，尤其是自己受到不公平的待遇而又无力抗争、认为自己怀才不遇、对生活失去乐趣、把自己看成多余的人、感受度日如年的煎熬。

2. 极乐感

他们认为死亡是达到理想境界的一种方式。

3. 罪孽感

他们平时作恶多端，罪行累累，深知法网恢恢，罪责难逃。为了赎罪或逃脱惩罚选择自杀。

4. 冲动感

生活中与人发生冲突，一时感情冲动丧失理智而自杀。

5. 失落感

当个人自尊心遭遇巨大打击，尤其对于一向成功者突然屡遭挫折，极端的自尊心也可能驱使他自杀。

二　大学生自杀的常见原因分析

近些年，媒体越来越多报道大学生自杀事件，社会不禁把目光投向这群在象牙塔中的天之骄子，他们原本应该是充满阳光的青春少年，是什么使他们变得如此脆弱？是什么使他们不堪重负以至于走向毁灭？

1. 学业、生活、就业压力大

迫于竞争的压力，当今大学生在学业上更具进取心，很多学生高考前都是原来班级甚至学校里的佼佼者，进入大学后发现大学是一个人才聚集的地方，自己已经不再处于优势地位，从而对自己的能力产生怀疑。大学阶段是学习自我管理的重要阶段，一些学生在学习或生活上定的目标没有达到而对自己产生不满，理想与现实的自我发生严重的心理冲突。一些学生在大学阶段长期处于迷茫，对自己的未来充满担忧却又不知如何努力，临近毕业时又将面临巨大的就业压力……当大学生面临众多学业、生活、就业压力，不接纳自己的现状，却又无力改变现实，容易陷入深度的自责和失望，对生活没有信心，最后导致极端的行为。

2. 人际关系压力大

大学生在上大学之前主要精力都放在学习上，人际关系相对简单，进入大学后，大学生要学习和来自不同地域、不同经济条件、不同家庭背景、不同文化、不同个性的同学相处，他们需要独立面对生活上的各种问题，需要处理个人与群体的关系，人际关系沟通成了大学里面的一门重要学问。大学生是成年早期的群体，心理学家埃里克森认为这一阶段的人面临的发展危机是建立亲密关系和孤立于他人之外的这一矛盾。这一矛盾的一端是青年人和他人建立起良好的同伴关系或爱情关系，另一端则是因为害怕被拒绝和害怕失望而离群索居。这个时候大学生为了很好地与周围人相处或者合作，就必须适应和顺从群体生活和合作的规则。然而当前大学生很多都是独生子女，自我意识较强，处理不好人际关系，最终导致各种心理问题的产生。

3. 可能承受着巨大的家庭压力

由于家庭变故或者家庭经济困难，很容易导致大学生心理压力过大。对于一些来自单亲家庭、家庭夫妻关系紧张、亲子关系紧张、家庭教养方式不科学的大学生，他们的人格发展可能会受到影响，容易受到来自家庭方面的压力而影响大学期间的生活状态。对于一些来自边远和贫困地区的学生来说，高额的学费和生活开支增加了他们的心理压力。部分学生家里砸锅卖铁，四处借款，他们背负着全家人的期望读书，这些学生行为举止都与城市学生有很大的反差，经济的窘迫使这些学生心理负担十分沉重，他们容易感到苦闷和压抑。

4. 个性特征是造成自杀的内因

造成大学生自杀的心理原因既有外来的压力，更重要的是内因，内因主要是指大学生自身的个性特征。自杀的大学生大多数比较内向、偏执、以自我为中心、不愿与人交流。有些大学生性格比较理想主义，想法过于不切实际，不能接受现实的不完美，当他们面对现实生活时，可能会因为无法承担现实与理想的差异，从而无法从自己的幻想中跳出来，最后导致自杀。多数自杀的大学生都有程度不同的精神问题或者心理问题，精神障碍和性格上的病态是造成大学生自杀的内在起源。

5. 对挫折的承受力不强

不能正确对待挫折也是大学生自杀的一个重要心理原因。大学生在进入大学之前大部分生活比较安定，没有遇到过大风大浪，在他们进入社会之前，并没有意识到自己未来的人生会遇到怎样的挫折，有些学生理所当然地认为自己的人生应该是一帆风顺的，一旦遇到问题就不知怎样面对，可能将遇到的一些小问题无限放大，不敢应对或选择消极应对，造成心理上的压力。大学生的生活阅历少，并且处于心理逐渐成熟的阶段，所以他们在遇到问题时往往不能冷静沉着地面对，如果事后能及时调整心态，找到合适的情绪发泄途径，平缓不安情绪，就能从受挫的阴霾中走出；但是如果不能及时有效排解挫折和不良情绪，他们的内心就会变得越来越脆弱，让自己陷入无助、绝望的情绪中不能自拔，最后在不知如何应对的绝望心情中自杀。

三　自杀的预防与干预

以上分析了大学生自杀的心理因素，总体而言自杀是一种相对罕见的行为，人群中存在一系列保护因素，能起到减轻危险因素的作用，自杀是可以预防的。

（一）预防个人自杀

自杀者往往是积压了很多心理压力，因此如果每个人能及时排解压力，自杀就不大可能发生。合理宣泄压力要讲究方法，以下介绍一些比较好的方法以供参考。

1. 向亲友倾诉

也许能够得到朋友的帮助和劝慰,有助于心理平衡。

2. 大哭一场

这样能把压抑的情绪尽情释放出来,头脑也会渐渐地冷静很多,然后再去想怎样面对和处理问题。

3. 多参加各种各样的文娱活动

这对人的心理健康十分有益,当人在娱乐活动中的时候,会忘却烦恼,心情也会愉快。

4. 到大自然中去

这是解决烦恼的一个好办法。因为大自然有净化心灵的作用。当情绪十分低落、心理压力巨大的时候,不妨到郊外、到山水间走走,寻找一些心理的平和、恬淡。

5. 学会管理情绪

学习一些管理情绪的知识与技巧,并在日常的生活中多多加以应用,可以保持比较健康积极的情绪状态。

(二)干预他人自杀

我们也许会遇到周围的一些朋友、亲人、同学处于生活状态不好,对生活失去信心,存在自杀风险的情境,可以采取一些针对性的危机干预,降低自杀行为的发生几率,挽救他人生命。

1. 询问原因

大多数想自杀的人都愿意跟那些关心他们的人谈一谈,和想自杀的人进行谈话有很多种好处:可以让这个想自杀的人获得被帮助的机会;交谈可以让这个想自杀的人觉得自己不再那么孤独,有人可以关心和理解自己了,这是和导致自杀念头完全相反的感觉;交谈可以帮助找到引起自杀的关键因素,从而找到更好的解决方案。但是如何与想自杀的人开始谈论自杀的话题有点难度,需要一些有技巧的询问和澄清。

2. 保持冷静和耐心倾听

聆听和交流是释放自杀者情绪的有效手段。认可他表露出的情感,不要进行评判,也不要试图说服他改变自己的感受;不要轻视他的意见表达,当他说要自杀时应认真对待;让他感受到自己是有价值的,是被人需要的;认可他的成绩,帮助他恢复自信;如他要你对其想自杀的事情给予保密时，不要答应；让他相信可以获得所需要的帮助，并鼓励他寻求这些帮助。

3. 应陪伴在他身边

想自杀者如果自己独处就容易有大的风险，因此有机会的话要将他带到一个相对安全、舒适的环境，并用心去陪伴他。在陪伴的过程中认真确定他是否存取大量药物，或其他自杀的工具；认真聆听他的倾诉并给予积极的回应；陪伴其发现和享受人生的趣味；帮助他进行人生规划，对自我重新适当定位；对于意志不坚定的人，可讲述各种常见自杀方式之痛苦。如果你认为他当时自杀的危险性很高，也可立即陪他去心理卫生服务机构或医院接受评估和治疗。

4. 寻找帮助

当发现他人可能立刻实施自杀行动而你自己不能解决时，请向外界求援，你可向相关机构或信赖的人寻求支持，或报警处理。但在这个过程中，请不要让有自杀企图者独处。

5. 建议药物治疗

企图自杀者常常有抑郁情绪，很多人就是抑郁症患者，这时应给予对症治疗，如抗抑郁剂治疗；如果同时又有焦虑或激动情绪，还要考虑使用具有缓和激动或抗焦虑作用的药物治疗。因此干预的另一个有效途径是极力劝说其到专门医疗机构进行评估治疗，通过药物进行控制。

☺ 心域行走

有自杀风险的几种情况

1. 情绪突然出现异常、波动过大。

2. 流露出绝望、无助以及对自己或周围环境感到失望。

3. 表达过轻生的念头，讨论过轻生方式和计划。

4. 常将死亡作为谈话、写作、阅读或艺术作品主题。

5. 突然把个人有价值、有纪念性的物品送人。

6. 患有如抑郁症、精神分裂症等严重心理疾病。

7. 因遭遇突发性事件（如遭遇性危机、家庭发生重大变故、受到自然或社会意外刺激等）而出现心理行为异常。

8. 因身边同学出现危机状况而受到影响，产生恐慌、担心、焦虑和困扰。

9. 曾经患有严重心理疾病（如抑郁症、恐惧症、强迫症、焦虑症、精神分裂症等）目前正在康复期或已经康复。

10. 有自伤或者自杀未遂史及家族中有自杀者。

11. 酒精、网络、烟的使用量增加，行为紊乱或古怪。

12. 睡眠、饮食紊乱，或体重明显增减、过度疲劳、个人卫生状况下降。

☺ 超级测试

贝克自杀意向量表（beck suicide ideation scale，SSI）（原版）

下述项目是一些有关您对生命和死亡想法的问题。请您思考最近一周是如何感觉的，每个问题的答案各有不同，请您注意看清提问和备选答案，然后根据您的情况选择最适合的答案。

1. 您希望活下去的程度如何？	中等到强烈	弱	没有活着的欲望
2. 您希望死去的程度如何？	没有死去的欲望	弱	中等到强烈
3. 您要活下去的理由胜过您要死去的理由吗？	要活下去胜过要死去	二者相当	要死去胜过要活下来
4. 您主动尝试自杀的愿望程度如何？	没有	弱	中等到强烈
5. 您希望外力结束自己生命，即有"被动自杀愿望"的程度如何？（如，希望一直睡下去不再醒来、意外地死去等）	没有	弱	中等到强烈

如果第 4 和第 5 个项目的选择答案都是"没有"，那么则视为没有自杀意念，完成此问卷；如果第 4 或者第 5 个项目任意一个选择答案是"弱"或者"中等到强烈"，那么就认定为有自杀意念，需要继续完成后面的 14 个项目。

6. 您的这种自杀想法持续存在多长时间？	短暂、一闪即逝	较长时间	持续或几乎是持续的	近一周无自杀想法
7. 您自杀想法出现的频度如何？	极少、偶尔	有时	经常或持续	近一周无自杀想法
8. 您对自杀持什么态度？	排斥	矛盾或无所谓	接受	
9. 您觉得自己控制自杀想法、不把它变成行动的能力如何？	能控制	不知能否控制	不能控制	
10. 如果出现自杀想法，某些顾虑（如顾及家人、死亡不可逆转等）在多大程度上能阻止您自杀？	能阻止自杀	能减少自杀的危险	无顾虑或无影响	
11. 当您想自杀时，主要是为了什么？	控制形势、寻求关注、报复	逃避、减轻痛苦、解决问题	前两种情况均有	近一周无自杀想法
12. 您想过结束自己生命的方法了吗？	没想过	想过，但没制订出具体细节	制订出具体细节或计划得很周详	
13. 您把自杀想法落实的条件或机会如何？	没有现成的方法、没有机会	需要时间或精力准备自杀工具	有现成的方法和机会或预计将来有方法和机会	近一周无自杀想法
14. 您相信自己有能力并且有勇气去自杀吗？	没有勇气、太软弱、害怕、没有能力	不确信自己有无能力、勇气	确信自己有能力、有勇气	
15. 您预计某一时间您确实会尝试自杀吗？	不会	不确定	会	
16. 为了自杀，您的准备行动完成得怎样？	没有准备	部分完成（如，开始收集药片）	全部完成（如，药片、刀片、有子弹的枪）	
17. 您已着手写自杀遗言了吗？	没有考虑	仅仅考虑、开始但未写完	写完	
18. 您是否因为预计要结束自己的生命而抓紧处理一些事情？如买保险或准备遗嘱。	没有	考虑过或做了一些安排	有肯定的计划或安排完毕	
19. 您是否让人知道自己的自杀想法？	坦率主动说出想法	不主动说出	试图欺骗、隐瞒	近一周无自杀想法

231

计分与评分方法：

量表 1—5 题答案的选项为 3 个，从左至右对应得分为 1、2、3，得分越高，自杀的愿望越强烈。所有来访者都首先完成前 5 个题，如果第 4 和第 5 个项目的选择答案都是"没有"，那么则视为没有自杀意念，完成此问卷；如果第 4 或者第 5 个项目任意 1 个选择答案是"弱"或者"中等到强烈"，那么就认定为有自杀意念，需要继续完成后面的 14 个项目。6—19 题从左至右前三个选项对应得分为 1、2、3，6、7、11、13 和 19 题增加的"近一周无自杀想法"选项，对应得分为 0。总分的计算公式是［（条目6—19 的得分之和—9）／33］＊100，得分在 0—100 之间变化。分数越高，自杀危险性越大。